三江源科学研究丛书

王光谦 总主编

黄河上游梯级水库调度若干关键问题研究

司源 李想 鲍军——著

总 序

三江源被誉为“中华水塔”，它地处世界屋脊——青藏高原的腹地，是世界高海拔地区生物多样性最集中的地区，湿地湖泊星罗云布，长江、黄河、澜沧江等大江大河在这里发源，孕育和滋养着中华大地的山林万物，哺育出灿烂的中华民族文明历史。

近几十年来，由于自然环境和人类活动的影响，三江源区雪山冰川退缩，湖泊和湿地发生显著变化，生物种类和数量锐减，沙化和水土流失面积扩大，水源涵养能力急剧减退，水量变化威胁到长江、黄河流域的水安全。正确认识和保护好三江源区的生态环境，对中国的可持续发展和生态安全具有十分重要的战略作用。

《三江源科学研究丛书》是由长江出版社组织三江源研究领域的专家和学者，基于他们的长期研究，对三江源区涉及的生态、环境、水资源等问题的一个全面总结。其中，针对日益严重的生态环境问题，《青藏高原陆地生态系统遥感监测与评估》《三江源区优势种植物矮嵩草繁殖策略与环境适应》《三江源区水资源与生态环境协同调控技术》《空中水资源的输移与转化》探讨了水资源以及生态环境保护和治理对策，为水资源与生态环境协同发展提供了科学支撑；《南水北调西线工程调水方案研究》《黄河上游梯级水库调度若干关键问题研究》《南水北调西线工程生态环境影响研究》《黄河上中游灌区生态节水理念、模式与潜力评估》等专著针对我国水资源南北分布不均衡的问题，详细探讨了南水北调的方案、运行调度、生态与环境影响、水资源高效利用等问题，是西线南水北调方面较为全面和权威的研究成果。这些专著基本上覆盖了三江源研究中水科学领域的方方面面，具有系统性、全面性的特点，同时反映了最新的研究成果。

我们相信，《三江源科学研究丛书》的出版，将有助于三江源相关研究的进一步发展。同时，丛书在重视学术性的同时，力求把专业知识用通俗的语言介绍给更为广大的读者群体，使得保护三江源成为每一个读者的自觉，保护好中华民族的生命之源。

中国工程院院士　青海大学校长

王光谦

SANJIANGYUAN
三江源科学研究丛书
KEXUE YANJIU CONGSHU

高原雪山

三江源风光

藏羚羊

牦牛

高原苔藓

高原地质

冻土

草甸

前言

黄河上游梯级水库是目前国内综合利用目标最多、调度运行最复杂、影响区域最广泛的梯级水库之一，对于黄河流域水资源配置和水能资源利用具有决定性作用。近年来，在黄河源区天然来水持续偏枯的情势下，梯级水库不同利用目标间矛盾愈加突出，为综合效益发挥带来了严峻挑战。在这一背景下，本书围绕黄河上游梯级水库调度存在的若干关键问题开展研究，取得的主要成果包括：针对黄河上游梯级水库调度的重要边界，采用多种统计检验方法识别了黄河流域上游径流、凌情的基本特征和演变规律，分析了气候变化和人类活动的影响；针对青海电网黄河上游水电的经济性与稳定性权衡关系，基于商业优化软件 LINGO，构建了黄河上游梯级水库中长期发电调度双目标优化模型，验证了不同求解器的求解质量和效率，量化了梯级水库系统发电效益的提升空间，得到了发电量与保证出力的双目标非劣解集；针对黄河流域上游地区有限水资源条件下供水、发电、产粮间的竞争关系，通过要素识别和问题概化，构建了统筹考虑黄河流域上游粮食主产区（宁夏灌区和内蒙古灌区）产粮、梯级水库水能利用以及黄河流域中下游水资源供给三重效益的多目标规划模型，计算得到了不同情景和边界条件下的水资源—能源—粮食纽带关系。本书取得的研究成果可为黄河流域上游梯级水库调度提供决策支持，采用的研究思路和方法也可为其他区域开展相关问题研究提供参考。

本书得到国家重点研发计划项目课题（2018YFC0407702）、国家自然科学基金项目（51609256、51809288）、中国科学技术协会“青年人才托举工程”项目（2017QNRC001）、国家电网公司科学技术项目“黄河上游水情预报和流域发电量预测研究及应用”（52283014000T）等的资助。

本书第 1 章由司源执笔；第 2 章和第 3 章由司源、鲍军执笔；第 4 章由司源、李想执笔；第 5 章和第 6 章由司源、李想、尹冬勤执笔。全书由司源、李想统稿。

在本书的撰写过程中，作者多次赴黄河水利委员会水资源管理与调度局、水文局，黄河勘测规划设计研究院有限公司，黄河上游水电开发有限责任公司，国家电网青海省电力公司等单位开展工作调研和技术交流。清华大学王光谦院士、李铁键副研究员、黄跃飞教授、魏加华研究员以及美国伊利诺伊大学厄巴纳—香槟分校蔡喜明教授给予了许多指导与帮助。特此致以衷心的感谢！

受时间和作者水平所限，书中难免存在不足之处，恳请读者批评指正。

作者

2019 年 10 月于北京

CONTENTS

目录

CONTENTS

CONTENTS

第1章 绪 论

1.1 研究背景

黄河是举世公认的最难“驯服”的河流之一，突出表现为跨越多气候带、多地貌区，水沙关系不协调，水旱灾害频发(Ongley,2000)。黄河流域地处我国北方干旱半干旱地区，降水少而蒸发强度大，水资源十分匮乏。黄河流域面积广阔，位置扼要，流经9个省(自治区)，是我国西北和华北地区最大的供水水源，以仅占全国2%的地表河川径流量，承载着全国15%的耕地、12%的人口以及11个省(自治区、直辖市)50多座大中城市的供水任务(刘晓燕，2004)。长期以来，黄河流域水资源利用方式粗放，用水效率低，资源性缺水与工程性缺水并存，水资源供需矛盾十分尖锐(夏军等，2014)。另一方面，黄河流域水土资源时空分布不均，自然产汇流与社会经济用水需求高度不匹配，兰州断面以上河川径流量约占全河总径流量的60%，而流域95%的需水量却分布于该断面以下。为此，黄河流域修建了大批水利枢纽以调节天然径流。通过这些枢纽工程开发利用黄河水资源，统一配置全河水量，统筹上下游、左右岸、各部门的关系。

自20世纪70年代黄河发生断流事件以来，全河水量统一调度工作逐步提上日程，“八七”分水方案首次为黄河水权分配“切了蛋糕”。《黄河水量调度条例》等一系列方案相继颁布实施，进一步细化了干流年内分水和支流取水等相关规定。尽管统一管理、联合调控是黄河流域水量调度的总体思路，但由于涉及的区域范围广、系统庞大、结构复杂，在实际调度中不得不采用分段调度的操作方式。黄河上游河段与中、下游河段具有不同的地形地貌特征和来水来沙条件，经济社会发展布局也存在差异，因此形成了一个以龙羊峡、刘家峡等水库为主要控制枢纽并以水量调节为主要任务的上游子体系，以及一个以三门峡、小浪底等水库为主要控制枢纽并以蓄洪调沙为主要任务的中下游子体系。尤其是小浪底水库投入运行后，黄河中下游河段上的工程调节能力增强，对上游水库的依赖性有所降低。两个子体系间主要通过水量联系，并以黄河流域上、中游分界的头道拐断面作为流量衔接(水利部黄河水利委员会，2013)。

黄河上游地区蕴藏着丰富的自然资源。黄河源头—青铜峡为高山峡谷地形，其中龙羊峡—青铜峡河段全长918km，集中落差1324m，水力资源丰富，加之开发条件好，技术经济指标优越，被誉为“水电富矿”，是我国“十三五”规划建设的十三大水电基地之一。黄河上游光照、风力等资源同样极具禀赋。近年来，以光伏、风电等为主的新能源基地不断开发建设，清洁能源已逐渐成为黄河上游地区电网结构的主要组成。黄河干流流经青铜峡之后进入宁蒙河套地带，地势趋于平缓，适宜发展农业，是我国重要的粮食生产基地。大型灌区主要包括位于宁夏境内的青铜峡灌区、卫宁灌区，以及位于内蒙古境内的河套灌区等。此外，黄河上游地区还富有矿产资源，形成了以省会城市兰州为中心向周边包头、银川等重要城市辐射的黄河上游工业城市群，是我国重要的能源、有色金属、石油化工和机械装备工业基地。

将黄河上游地区丰富的能源、土地、矿产等自然资源真正转化为确保国家能源安全、粮食安全、生态安全的战略保障，需要黄河水资源的支撑。黄河上游水资源综合利用主要通过具有调节作用的梯级水库调蓄实现。黄河上游梯级水库是目前国内肩负综合利用任务最多、调度运行最复杂、覆盖区域最广的梯级水库(艾学山和冉本银，2007；畅建霞等，2002)，承担着向青海、甘肃、宁夏、陕西等省(自治区)电网供电，以及沿岸农业灌溉、工业生产、居民生活、防洪、防凌等综合利用功能，同时为满足黄河中下游地区生产生活、生态环境、河道输沙等用水需求，需要向下游输送充足水量。在优先保障防洪、防凌安全的前提下，涉及多项水资源综合利用效益之间的平衡，当遭遇枯水时期特别是连续枯水时期，用水矛盾尤为突出。在全球气候变暖的背景下，未来黄河源区径流量很有可能持续减少，可供水量也将随之减少(郝振纯等，2006；赵芳芳等，2009；张昂，2016)。与此同时，黄河上游“一带一路”沿线省(自治区)经济社会飞速发展，城镇化规模日趋扩大，工业发展对电力的需求日益旺盛，人口增长对粮食和水资源的需求也不断增长。在国家能源安全、粮食安全战略的驱动下，水资源供需矛盾将成为制约流域生态保护与高质量发展的重要瓶颈。

综上，开展黄河上游梯级水库联合调度研究，探索水量调度和电力调度的协同运行方式，有利于实现水资源在时间、空间和部门间的合理配置，提高水电系统的整体效益和供电可靠性，保障水能和水量的双重利用效率，为利益相关者和流域管理者的科学决策提供支撑。

1.2 研究进展

1.2.1 水库群优化调度

水库通过不同时段的蓄放水过程进行径流调节，将天然来水分配至与调节目标相适应的时段，从而达到兴利除害的目的。水库调度有不同的分类方式，按时间尺度不同，可划分为中长期调度(多年、年、季等)、短期调度(周、日等)和实时调度；按调度功能不同，可划分为防洪调度、发电调度、供水调度、生态调度等；按调度方法不同，可划分为常规调度和优化调度。

常规调度是以水库规划设计阶段绘制的调度图为依据来指导水库泄流的一种调度方

式。利用历史长系列径流资料进行调节计算，得到不同条件下的水位过程包络线从而划分成调度分区，如发电调度图中的加大出力区、保证出力区、降低出力区等，可用于指示不同时段水库坝前水位处于不同位置时的出力和泄流操作。调度图的优势是简单直观、使用方便，缺点是难以处理多目标和多水库问题，也难以适应不断变化的水文情势（张双虎等，2006；金勇，2009）。

随着流域上兴建的水库数量逐渐增多，产生了串联、并联及混联等多种拓扑结构的水库群（Lund and Guzman，1999）。这些水库之间存在水文、水力、电力等联系，通过库容补偿、水文补偿、电力补偿等补偿调节作用，共同实现流域水资源综合管理的目标。在过去的几十年里，国内外学者围绕世界典型流域水库群的联合调度方式开展了大量研究。Barros 等（2003）研究了巴西境内一个包含 75 座水电站的水电系统（总装机容量约7 万 MW），发现在可获取到准确径流预报的情况下，水电站联合调度后较历史运行可以增发约 6.86%的电量，即使在只有平均径流预报的情况下也可增发约 4.04%的电量。Marques 和 Tilmant（2013）考虑了入流随机性，采用随机双重动态规划方法建立了巴西巴拉那河流域 10 座水电站系统的联合调度模型，结果显示在系统联合运行的条件下水电站弃水损失减少，同时发电量提高了 3%～8%，相应的发电效益提高了约 7.9%。Anghileri 等（2012）对意大利科摩湖流域的水库群分别采用单独运行模式、集控模式和介于两者之间的协调模式等 3 种模式进行调度。通过方案比较发现，在发电效益相同的情况下，集控模式下的灌溉供水缺水量较单独运行模式明显减少。大量研究表明，水库群联合调度运行能够明显提升系统的整体效益，尤其对于大规模水电站系统而言，较小的改进就可以产生巨大的经济效益（Zhao et al.，2012）。正是由于上述原因，传统的针对单水库的调度图方法不再适用，而以系统工程和运筹学为理论基础的优化方法得到蓬勃发展（Brown et al.，2015）。

（1）数学规划方法

Masse（1946）最早将优化概念应用于水库单库调度问题。自 20 世纪 50 年代哈佛水项目（Harvard Water Program）开展以来，系统分析方法在水资源规划管理领域中的应用日趋广泛。水资源系统分析方法最早关注的是水利工程规划设计阶段以经济效率为目标的效益—成本分析（Benefit-cost Analysis），后被应用于决策管理阶段。该方法旨在通过协同分析探求人工—自然耦合的水资源系统内部组成的交互作用（Maass et al.，1962；Werick et al.，1996）。

早期研究主要采用数学规划方法求解水库优化调度问题，如线性规划（Linear Programming，LP）、非线性规划（Nonlinear Programming，NLP）、动态规划（Dynamic Programming，DP）等（Little，1955；Young，1967；Grygier and Stedinger，1985）。传统的数学规划方法一般对于模型的数学结构有较高要求。线性规划可以求解获得全局最优解，但线性假设和构造令其在处理非线性问题时会产生一定误差。非线性规划能够比较精确地描述非线性问题，然而基于梯度下降方法的计算原理，令其在求解具有非凸、不连续、不可微等复杂特征的问题时存在一定的局限性，收敛速度慢导致计算时间长（Yeh，1985；Catalão et al.，2006）。动态规划契合水库调度多阶段决策过程的特征，并且在状态变量离散精度足够高时能够获得全局最优解，但变量数量增加会导致状态空间呈几何指数增长，容易陷入“维数灾”。围绕动态规划“维数灾”问题的改进方法主要包括增量动态规划（Incremental Dynamic Programming，IDP）、动态规划逐次逼近（Dynamic Programming Successive Approximations，DPSA）、离散微分动态规划（Discrete Differential Dynamic Programming，DDDP）、逐次优化算法（Progressive Optimality Algorithm，POA）等（Larson，1968；Larson and Korsak，1970；Heidari et al.，1971；Turgeon，1981；董子敖，1989）。

（2）启发式优化方法

梯级水库的龙头水库一般库容较大、调节性能较好。为充分挖潜其多年调节能力，在水库数量增加的同时，计算时段数也有所增加，这就造成了梯级水库优化调度问题的时空双重高维特征。加之大多数水库考虑发电、生态等数学表达式相对复杂的目标，又带来了非线性、非凸性、多目标、多约束等特征，传统的数学规划方法求解起来显得力不从心。

随着计算机技术与人工智能技术的发展，自20世纪90年代起，各式各样的启发式优化方法不断被尝试应用于求解梯级水库优化调度问题，如遗传算法（Genetic Algorithm，GA）、粒子群算法（Particle Swarm Optimization，PSO）、蚁群算法（Ant Colony Optimization，ACO）等（Oliveira and Loucks，1997；Nicklow et al.，2009；Reed et al.，2013；Maier et al.，2014；徐刚等，2005）。这些启发式优化方法一般通过模拟自然界的进化规律或群体行为特征进行不断迭代，其优点是不依赖于数学模型的结构信息，具有较快的收敛速度和较高的求解精度，通用性强，适于并行处理；缺点是容易陷入局部搜索导致“早熟”问题，并且搜索性能对初始解和计算参数较敏感，随机性较强，结果不稳定（李想，2014；李芳芳，2011）。针对启发式优化方法的改进工作也有不少，包括研究初始解生成技术、搜索方向选择技术等，通过这些改进明显提高了求解质量和计算效率，在实际问题中获得了较好应用（练继建等，2006；陈立华等，2008；彭勇等，2009；周建中等，2010；郑慧涛等，2013）。

（3）其他技术方法

优化方法各有千秋，几乎不存在适用于所有问题的普适方法，求解质量和计算效率也往往不可兼得。在解决具体问题时需要根据系统结构特征以及决策者需求进行综合考量，从而设计或应用具有针对性的算法（Yeh，1985；Simonovic，1992；Labadie，2004）。不少研究尝试将几种算法进行组合，使一种算法的解作为另一种算法的初始解或局部搜索算子，或者两种算法分别求解不同的子问题以充分发挥各自的优势，如LP-DP算法（Becker and Yeh，1974）、IDP-GA算法（Li et al.，2012）、GA-LP算法（Cai et al.，2003）、GA-QP算法（Pan and Kao，2009）等。针对水库群优化调度涉及的时间维、空间维、状态维、组合维等维度过高问题

(冯仲恺等,2017),还可以采用不同的降维策略,将复杂系统转化为简单系统进行求解从而有效规避冗余计算,典型的有大系统分解协调方法(吴昊等,2015;田峰巍和解建仓,1998)、分解—聚合方法(Liu et al., 2011)、库群—厂房空间解耦方法(李芳芳,2011)等。随着高性能计算机的发展,并行计算技术(Li et al., 2014;Cheng et al., 2014;Feng et al., 2017)逐渐在水库群优化调度问题中得到应用,大系统优化的计算内存和计算效率瓶颈问题正在得到不断突破。

(4)专业优化软件

专业优化软件用户界面友好、编程语言简单、求解器成熟可靠,因而在水资源系统分析研究中得到了广泛应用(Peng and Buras, 2000;Barros et al., 2008;Zambon et al., 2012)。常用的优化软件主要包括 LINGO(LINDO Systems Inc., 2015)、GAMS(Brook et al., 1988)、MINOS(Murtagh and Saunders, 1983)、CPLEX(ILOG Inc., 1999)等。其中,LINGO 软件中内置了门类齐全的多种类型求解器以及全局寻优的搜索方式,近年来,基于 LINGO 的水库优化调度研究成果频频发表。Alemu 等(2010)开发了一个包含仿真和优化两个模型的水库调度决策支持系统,该系统中的优化模型以线性形式表达并采用 LINGO 计算,通过 Microsoft Excel 进行数据交换。Sharif 和 Swamy(2014)采用 LINGO 的线性规划、分支定界算法(Branch and Bound, BnB)以及 DDDP 算法,分别构建了线性目标函数和非线性目标函数,求解了经典的四水库问题。Li 等(2014)构建了混合整数线性规划(Mixed Integer Linear Programming,MILP)模型,采用 BnB 算法求解了我国三峡水利枢纽的水电站机组组合问题,MILP 模型包含 14816 个变量(其中 4608 个 0/1 变量)和 13329 个约束,在可接受的计算时间内得到优化结果,并判断该结果至少在全局最优解的 2.3%~4.11%范围内,这表明 LINGO 在求解大规模、混合整数、组合优化问题时具有强大性能。Xu 等(2019)针对一个典型的水电—风电互补调节系统,采用 LINGO 构建了考虑风电负荷不确定性的随机规划(Stochastic Programming,SP)模型,并设置多起始点搜索以保证解的全局最优性,这表明 LINGO 在处理随机问题上也具有比较成熟的算法。

1.2.2 多目标优化方法

多目标调度管理是现阶段世界上大多数国家进行梯级水库管理的根本原则(曹广晶和蔡治国,2009)。水库调度涉及经济、社会、生态、环境等多个维度,各维度包含多个目标,各目标又可细分为多个准则或指标(Loucks and Van Beek,2017;田雨,2011;甘泓等,2013)。

水库综合利用的各子目标之间通常存在冲突与竞争关系,一个子目标的获益往往以牺牲其他子目标为代价(Castelletti et al.,2013)。因此,对于多目标优化问题而言,并不存在一个能够使各目标同时达到最优状态的解,需要对不同目标进行综合权衡。此外,目标之间通常具有不可共度性,当不能简单地将所有目标转化为经济指标度量时,则需要借助多目标优化的技术手段予以解决。

Cohon 和 Marks(1975)根据决策者对目标优先级定义的先后顺序将多目标优化决策方法分为三类:先验优先级的评价决策技术;后验优先级的非劣解生成决策技术;过程中定义优先级的交互式生成决策技术。从 20 世纪 90 年代开始,多数研究在求解多目标优化问题时倾向于采用后验优先级的非劣解生成决策技术,也即先通过多目标优化技术提供给决策者尽可能完整的多组解,之后决策者再根据实际偏好进行方案比选。这种方法相较于预先定义优先级仅提供给决策者单一解的方法更具参考价值,也更适应变化情景(Brown et al.,2015)。

多目标优化的概念一般认为是由法国政治经济学家 Pareto 最先提出的。Pareto 最优概念是对多目标解的一种向量评估方式。一般而言,多目标决策问题的解是多个最优解的集合,该集合中的元素之间不可比较,因此每一个解都被称为非劣解。定义如下:对于目标最大化问题,设$\boldsymbol{x}^* \in R$,R 为可行域,若不存在 $\boldsymbol{x} \in R$,使 $F_j(\boldsymbol{x}) \geqslant F_j(\boldsymbol{x}^*)$,$j=1,2,\cdots,n$,且至少对一个 j 严格不等式成立,则称$\boldsymbol{x}^*$为该优化问题的非劣解。所有非劣解的集合称为帕累托最优解集(Pareto-optimal Set)或非劣解集(Non-inferior Solution Set)。这些解经目标函数映射在目标函数空间中形成的像即为帕累托前沿(Pareto Front)。现阶段的多数非劣解生成决策技术仅能找到部分或近似的帕累托前沿,但已足够提供决策支持,主要技术包括如下两类:

(1)间接求解方法

间接求解方法一般是将多目标问题转化为单目标问题并使单目标极值化,通过调整权重或约束条件,执行多次单目标优化计算操作后获得一系列非劣解从而构成非劣解集,主要包括加权法(Weighting Method)和约束法(Constraint Method)两类(Haimes and Hall,1974;Yeh and Becker,1982)。这种方法的优点是简单易行,当单目标问题求解质量能够保证时,多目标非劣解集质量也能够得到相应保障;不足之处是每次运行只能得到一种解方案,求解效率较低。此外,由于权重和约束取值是人为设定的,有可能会导致得不到足够的有效信息。当权重或约束离散程度过低时,不能很好地反映帕累托前沿的凹部(覃晖等,2010)。

(2)直接求解方法

直接求解方法一般基于群体进化,主要优点是可以执行一次计算操作并通过不断迭代从而获得分布较均匀、范围较广的帕累托前沿;不足之处是可能会陷入局部极值,且随着目标数量的增加搜索难度明显增加(Castelletti et al.,2013;Dhaubanjar et al.,2017;Yang et al.,2017)。目前,在水库多目标优化调度研究中应用比较广泛的方法有非支配排序遗传算法(Non-dominated Sorting Genetic Algorithm-Ⅱ,NSGA-Ⅱ)、多目标遗传算法(Multi-objective Genetic Algorithm,MOGA)、多目标粒子群算法(Multi-objective Particle Swarm Optimization,MOPSO)、向量评价优化算法(Vector-evaluated Genetic Algorithm,VEGA)

等(Deb et al.,2002;Cioffi and Callerano,2012;Reddy and Kumar,2007;刘悦忆,2014)。值得一提的是,近年来有学者研究开发了能够处理多达10个目标的多目标进化算法(Multi-objective Evolutionary Algorithm,MOEA),可以高效求解具有非线性、多约束、不确定性等复杂特征的水资源系统问题,并通过可视化工具展示多目标优化结果,便于决策者进行方案比选(Kasprzyk et al.,2009;Fu et al.,2013;Hadka et al.,2015)。

诸多学者针对世界典型流域内水库多目标优化调度中存在的主要矛盾开展了研究。不同用水目标间存在竞争关系,如河道外用水与河道内生态用水(Suen and Eheart,2006;Yang and Cai,2009)、发电与输沙用水(Wild and Loucks,2014)、防洪与兴利调度(Ding et al.,2017)等双目标问题以及3个目标以上问题(黄草等,2014;Hurford and Harou,2014)。同一目标的不同准则层面也存在权衡关系,如对于发电调度目标,有发电量最大化与发电效益最大化(Guo et al.,2011;Anghileri et al.,2018)、发电量最大化与耗水量最小化(Yang et al.,2015)、发电量最大化与保证出力最大化(Zhou et al.,2014)等权衡问题。

1.2.3 水资源—能源—粮食纽带关系

水资源、能源、粮食是经济社会发展最重要的基础性资源,三者之间彼此关联、相互依存,同时又存在冲突。2011年在德国波恩召开的水资源—能源—粮食纽带(Water-Energy-Food Nexus,WEF Nexus)研讨会上,首次将三者之间的关系概括为一种"纽带关系"(Hoff,2011;Ringler et al.,2013;贾绍凤等,2017;李原园等,2018),在国内也有研究称之为"互馈关系"(于洋等,2017)。该范式的核心思想是在气候变化、资源短缺的背景下,进行不同资源配置时尽可能减少竞争、建立协同,提高资源利用效率,实现可持续发展(Flammini,2017;Conway et al.,2015;Kurian,2017;Cai et al.,2018)。近年来,水资源—能源—粮食纽带关系研究已逐渐发展为国际热点研究领域。

水资源—能源—粮食纽带关系研究强调水资源、能源、粮食等资源并非是独立的个体,应统筹协调跨部门间的利益,需要建立整体模型或从整体视角出发分析问题(Bazilian et al.,2011;Weitz et al.,2014;Al-Saidi and Elagib,2017)。在水资源研究领域,许多学者认为水资源是纽带关系中具有中心地位的关键要素(Beck and Walker,2013;Perrone and Hornberger,2014),而纽带关系也是21世纪初提出的水资源综合管理理念(Integrated Water Resources Management,IWRM)(GWP,2000;Snellen and Schrevel,2004)的延伸和发展(Howells et al.,2013;Ringler et al.,2013;Hurford and Harou,2014)。对于流域管理者而言,纽带关系研究意味着需要在水资源综合管理的基础上,统筹考虑水资源与其他两种资源的生产效率,制定整体优化方案,以更好地促进资源的合理配置。因此,可将水资源系统分析方法加以改进应用于纽带关系研究(Cai et al.,2018;Yang and Wi,2018),这类模型方法主要包括模拟与优化两大类。Howells等(2013)将水资源领域的模拟软件Water Evaluation and Planning(WEAP)和能源领域的模拟软件Long-range Energy Alternatives Planning System(LEAP),以及农业领域的模拟软件Agro-ecological Zoning(AEZ)三者耦合，建立了一个由分模块嵌套成的整体模型架构，用于分析不同气候变化情景下的水资源—能源—粮食纽带关系（Howells et al.，2013）。Feng 等（2016）采用系统动力学模型，以一系列耦合的微分方程来描述纽带系统中供水、发电、环境等组分的共同演化进程，进而分析各组分中状态变量变化对系统整体演化的影响。Zhang 和 Vesselinov（2017）构建了一个名为 Water，Energy and Food Security Nexus Optimization Model 的整体模型分析框架，可以量化纽带系统中各组分的内在联系。Li 等（2019）将多目标规划、非线性规划和直觉模糊数集成至一个名为 Agricultural Water-Energy-Food Sustainable Management（AWEFSM）的通用框架，探讨了农业生产中由于自然资源和人类社会经济行为等不确定性因素变化所导致的不同情景下经济目标、资源约束、环境保护以及水和能源足迹之间的相互权衡关系。总体而言，模拟方法更符合现实世界中水资源—能源—粮食纽带系统的客观规律和运行法则，而优化方法更有利于指导稀缺资源的合理化配置和最大化利用。

水库是对自然水资源进行储存和再分配的重要工程措施，在流域水资源—能源—粮食纽带系统各要素合理配置中发挥了至关重要的作用，在一定程度上反映了纽带中各部门之间的依赖和相互作用（Basheer and Elagib，2018；Uen et al.，2018；Huang et al.，2019）。因此，水库多目标优化调度成为研究水资源—能源—粮食纽带关系的重要工具之一，可以识别并量化多目标（或利益相关者）之间潜在的竞争关系，促进各部门的协同运行以及有限资源在各部门间的优化分配（Ziv et al.，2012；Hurford and Harou，2014；Zhang and Vesselinov，2017；Dhaubanjar et al.，2017）。

在全球气候变暖背景下，世界各国提倡并大力发展清洁能源，以减少温室气体的排放。水电是最常见的清洁能源，尽管现今光伏、风电等新能源在电网中所占比例日益提高，但由于水电具有较好的调节性能，在区域电网中仍发挥着不可替代的作用（Perrone and Hornberger，2014）。在忽略水库蒸发的条件下，一般认为水力发电不耗水，因此河道内水电站发电用水与位于水电站下游的河道外用水（农业灌溉、工业、生活等）不存在水量上的直接冲突。但是，受用水季节影响，两者之间存在间接的矛盾，如灌溉高峰期的需水流量过程与电网负荷高峰期的水电站下泄流量过程在时程上不完全匹配；再如为获取长期发电效益，水库应尽量维持高水位运行、减少泄流，这也与水库在特定时段为下游大量供水导致库水位下降存在冲突（Mendes et al.，2015；Pereira-Cardenal et al.，2016；Zhang et al.，2018）。而从积极方面来说，上游水库存水可以在天然来水不满足供水需求时为下游补水以应对未来可能出现的干旱事件（Lacombe et al.，2014）。因此，水力发电与下游河道外用水存在复杂关系，如果不能定量识别两者之间的关系并提出协同优化策略，将会影响系统整体效益的发挥。关于水力发电、水资源供给及粮食生产关系的探讨，国内外学者在不同尺度上开展了研究，如研究流域范围内水库发电与灌区供水的优化配置策略（Oven-Tompson et al.，1981；Tilmant et al.，2009；Wu and Chen，2013），寻求跨境河流各国间合作博弈的解决方案（Cai et al.，2003；Jalilov et al.，2016；于洋等，2017），识别全球范围水力发电与粮食生产的互补与竞争关系等(Chen et al.,2016;Zeng et al.,2018)。

1.2.4 黄河流域水量调度

(1)政策基础

20 世纪 70 年代起,黄河下游干流河道断流事件频繁发生,国家对此高度重视。1987 年,经国务院批复颁布了我国第一个全流域的水量分配方案——《黄河可供水量分配方案》,又称"八七"分水方案,拉开了黄河流域水量统一调度的序幕(胡智丹等,2015)。"八七"分水方案中考虑黄河最大可供水量为 580 亿 m^3,扣除 210 亿 m^3 的低限生态和冲沙用水,将剩余水量 370 亿 m^3 按当时的用水水平分配至沿黄各省(自治区、直辖市)。该方案规定了正常来水年份(水文频率为 50%)下黄河流域各省(自治区、直辖市)的最大耗水量指标,其他来水年份按照"丰增枯减"原则进行控制。"八七"分水方案出台后,有关年内水量分配、支流取水管理以及骨干水库调度运行的细化方案相继出台,进一步完善了黄河水量调度体系。黄河水量调度的基本目标是确保黄河不断流,遵循"国家统一分配水量、流量断面控制、省(自治区、直辖市)负责用水配水、重要取水和骨干水库统一调度"的原则(安新代,2007)。据此,每年 10 月黄河水利委员会水调部门制定 11 月至次年 6 月的可供水量分配方案,在执行过程中再根据实际来水、用水情况进行旬、月尺度的滚动调整。黄河水量调度的政策依据如表 1.1 所示。

表 1.1 黄河水量调度的政策依据

年份	事件	内容及意义
1987	国务院批复《黄河可供水量分配方案》	确定各省(自治区、直辖市)耗水量分配指标,提供了总量控制的刚性约束
1998	国家计委、水利部联合颁布《黄河可供水量年度分配及干流水量调度方案》《黄河水量调度管理办法》	授权黄河水利委员会对黄河水量实施统一调度
1999	水量统一调度正式实施	细化了面向干流的年内分水
2006	国务院颁布《黄河水量调度条例》	将支流取水纳入统一管理体系
2007	水利部颁布《黄河水量调度条例实施细则(试行)》	进一步明确了水库出库和重要断面的流量控制
2008	黄河水利委员会发布《关于加强黄河取水许可总量控制细化工作的通知》(黄水调〔2008〕8 号)	将省(自治区、直辖市)分水指标细分到地级行政区和干支流
2012	黄河水利委员会制定《黄河流域用水总量控制指标》	明确 2020 水平年、2030 水平年水资源消耗量指标,为贯彻实施最严格水资源管理制度提供依据
2013	国务院批复《黄河流域综合规划(2012—2030)》	确定 2020 水平年、2030 水平年黄河流域各省(自治区、直辖市)取用水总量控制指标
2014	国家防汛抗旱总指挥部制定《黄河干流抗旱应急调度预案》	提出黄河干流骨干水库抗旱应急调度方案

(2)学术研究

为支撑黄河流域水资源综合利用的管理与实践，在过去30年间涌现了大量的学术研究成果，包括开发了多目标优化配水模型、自适应水量调度系统、水资源配置整体模型等(唐德善，1994；魏加华等，2004；蔡治国等，2004；赵建世和杨元月，2015)。这些成果的主要标签是考虑了流域系统整体性、兼顾多部门多目标效益。鉴于系统整体模型构建和计算的复杂性，也有不少研究以局部河段为对象建模，这样能够更好地反映局部特征，避免为追求模型求解可行而出现过度假设或简化的问题。针对分区的水库调度问题，一般是在保证流域水量调度重要控制断面流量要求的条件下，根据不同区域的特点开展细化研究。一般而言，黄河上游调度子体系重点关注发电、防凌、新能源互补运行等问题，中下游调度子体系则重点关注水沙调控、防洪、供水以及生态调度等问题。

围绕黄河上游梯级水库联合调度问题，艾学山和冉本银(2007)建立了水库群发电优化调度模型，提出了可行搜索—离散微分动态规划法(FS-DDDP)，在满足水库综合利用的前提下计算获得了满意解。Bai等(2015)综合比较了龙羊峡水库单独运行、刘家峡水库单独运行和两库联合运行3种运行方式对黄河上游水资源综合利用目标的影响，量化了多水库多目标协同运行的综合效益。Chang等(2014)构建了考虑黄河上游梯级发电与防凌运用双目标的优化调度模型，并通过比选确定了防凌期刘家峡水库的最优防凌库容设置方案。方洪斌和彭少明(2017)研究了非汛期龙羊峡、刘家峡水库的联动补水机制，并通过比选确定了联合调控的运行水位阈值。彭少明等(2017)针对黄河流域逢连续枯水期水资源保障能力不足的问题，考虑龙羊峡水库的跨年度补水能力，建立了自适应最优控制模型，从而提出了不同干旱等级下龙羊峡水库的旱限水位控制策略。

(3)调度原则

黄河上游梯级水库是西北电网的主要电源，承担着电网调峰、调频、事故备用等重要功能，对电网安全、优质、经济运行发挥着至关重要的作用。另一方面，该梯级中包括有参与黄河水量调度的骨干水库，因此其运行不仅受西北电网的控制，更大程度上受流域水量调度综合要求制约。这就使得梯级水库调度与管理工作同时涉及多个部门，包括电网、枢纽、水行政主管部门以及地方行政单位，成为一个复杂的利益相关体系和共同决策体系。2012年，水利部召开的全国水资源工作会议上提出要贯彻“强化水资源统一调度，应坚持兴利服从防洪、区域服从流域、电调服从水调，协调好生活、生产、生态环境用水”的原则。其中，“电调服从水调”是指电网获得流域机构的水调指令之后，与水调办和发电公司协调计划，在确保水调目标实现的前提下，制订电调计划。

随着黄河流域经济社会的快速发展和水利水电开发建设的不断推进，电调与水调的矛盾愈加凸显。黄河水利委员会召开的2016—2017年度黄河水量调度工作会议上，提出了黄河水量调度面临的一个新形势：随着光伏、风电等新能源的发展，电网结构已发生较大调整，加之西北地区用电量增加，冬季部分省份缺电严重，电调与水调协调难度大，保障河道防洪防凌安全、河流生态用水、沿黄工农业用水、发电用水等目标间的矛盾日益突出。

1.3 研究内容

1.3.1 问题提出

结合文献调研和管理实际，可以归纳出黄河上游梯级水库调度中存在的以下几个方面的关键问题。

1)气候变化和人类活动深刻改变了黄河流域的水文情势，造成水库调度的上下边界发生了重要变化。地表径流作为水库系统的上边界或输入条件，直接决定了水资源配置的可用水量。防凌安全则作为水库系统的下边界条件，需要通过水库控制下泄流量实现，决定了水库系统的可输出水量。因此，准确把握水情、凌情的基本特征和演变规律，是开展变化条件下的黄河上游梯级水库调度的重要前提。

2)黄河上游梯级水库已陆续建成并投入运行，然而现阶段其联合调度的潜能尚未充分挖掘，综合效益发挥尚存在提升空间。就发电调度目标而言，水电公司希望尽可能提高发电量从而获取更多的经济效益，而电网需要水电站在枯水期提供一定的保证出力以维持电网的稳定运行、补偿调节新能源上网。在青海电网新能源装机容量不断增加的背景下，充分权衡水电发电量与保证出力的关系，是合理安排水电与新能源发电计划的重要依据。

3)黄河流域水资源短缺造成水资源供给、水能利用、粮食生产等综合效益矛盾突出。当前黄河上游梯级水库调度执行“以水定电”的基本原则，对发电效益考虑相对次要，灌溉供水高峰期为了满足梯级水库下游需求而增大下泄流量，这可能会造成电站长期发电效益的损失。另一方面，水库坝前水位下降过低会导致可供水量不足，不利于应对未来可能发生的干旱事件，造成粮食减产。由此可见，电调与水调的不统一将会制约水库综合效益的发挥(万毅，2008；丁斌等，2017)。如何充分整合电调、水调资源，量化水资源、能源、粮食三类基础性资源之间的纽带关系，从而制定多目标均衡的调控方案，是流域水资源管理面临的紧要问题。

4)龙羊峡水库是黄河干流上唯一拥有多年调节能力的水库，其通过调节径流的年内和年际分配，以保证黄河流域系统长期效益的发挥。然而，由于高维度计算问题的复杂性，已有的研究大多以一年作为调度期，对于龙羊峡水库的多年调节作用认识存在不足。因此，有必要回顾龙羊峡水库以及与其形成互补调节关系的刘家峡水库的历史运行过程，讨论多年尺度上龙羊峡水库的不同运用方式对黄河流域水资源综合利用目标的影响，给出改进龙羊峡水库运行方式的对策建议，这对于使流域系统长期效益最大化具有指导意义。

1.3.2 内容设置

本书系统收集了黄河流域自然地理、社会经济、水文气象、水利工程等多源数据资料，围绕黄河上游梯级水库调度中涉及的若干关键问题开展数理统计、优化建模、情景计算、结果分析等研究，主要内容包括以下几个方面。

第 1 章为绪论。介绍了本书的研究背景，调研了国内外相关研究进展，提出了研究问题，从而为后续开展针对性研究奠定了基础。

第 2 章为黄河流域上游基本情况。梳理了黄河流域上游自然地理、社会经济情况，以及水资源利用、水能资源和农业灌区等主要情况。

第 3 章为变化环境下的黄河流域上游径流演变特征。基于黄河上游干流和支流主要控制水文站历史径流资料分析了黄河上游径流的时空分布特征，采用多种统计检验方法识别了黄河源区径流序列的趋势性、突变性、周期性等变化规律。

第 4 章为气候变化和人类活动对黄河宁蒙河段凌情影响。开展了黄河上游宁蒙河段气温序列与凌情特征序列的趋势性、突变性统计检验，分析了气温与凌情特征的相关性关系，并根据水库投入运行时间划分时期探讨了黄河上游水库运行对凌情的潜在影响。

第 5 章为青海电网黄河水电发电经济性与稳定性权衡。针对青海电网黄河水电发电经济性与稳定性的矛盾问题，构建了基于多目标规划的发电优化调度模型，采用优化软件 LINGO 的非线性规划求解器进行求解计算，并与优化软件 GAMS 的计算结果进行对比，证明了 LINGO 的求解质量和计算效率，量化了梯级水库系统发电量与保证出力目标间的权衡关系，评估了梯级水库发电效益的提升空间，并开展了不同典型年结果分析。

第 6 章为黄河流域上游水资源—能源—粮食纽带关系。针对黄河流域上游水资源综合利用的矛盾问题，通过要素识别和问题概化，将头道拐断面满足中下游用水作为水资源供给目标，将黄河上游梯级水库发电作为能源利用目标，将宁蒙灌区引水灌溉作为粮食生产目标，构建了基于多目标规划的水资源—能源—粮食纽带整体优化模型，采用 LINGO 的二次规划和非线性规划求解器进行求解计算，得到了 3 个目标间的互馈关系，并分析了不同边界条件下纽带关系的变化。

第 2 章　黄河流域上游基本情况

2.1　自然地理

2.1.1　地理位置

黄河是中国第二长河，发源于青藏高原巴颜喀拉山北麓，流经青海、四川、甘肃、宁夏、内蒙古、山西、陕西、河南、山东等 9 个省（自治区），于山东省垦利区注入渤海。黄河干流全长约 5464km，流域面积约 79.5 万 km^2（包括内流区 4.2 万 km^2），流域范围位于 32°10′～41°50′N、95°53′～119°05′E。

黄河干流分为上、中、下游三部分：河源—河口镇为上游，河口镇—桃花峪为中游，桃花峪—入海口为下游。上游段河长 3471.6km，流域面积 42.82 万 km^2，主要支流有大夏河、洮河、湟水、祖厉河、清水河等；中游段河长 1206.4km，流域面积 34.38 万 km^2，主要支流有皇甫川、窟野河、无定河、北洛河、泾河、渭河、伊洛河等；下游段河长 785.6km，流域面积 2.3 万 km^2，主要支流有金堤河、大汶河等。黄河流域水系及上中下游分界如图 2.1 所示。

图 2.1　黄河流域水系及上中下游分界示意图

2.1.2 地形地貌

黄河西起巴颜喀拉山，东临渤海，北抵阴山，南达秦岭，横跨青藏高原、内蒙古高原、黄土高原和华北平原等 4 个地貌单元。流域内地势西高东低、逐级下降，大致可分为三级阶梯：第一级阶梯为流域西部的青藏高原，平均海拔在 4000m 以上，南部的巴颜喀拉山为长江与黄河的分水岭；第二级阶梯大致以太行山为东界，海拔 1000～2000m，包括河套平原、鄂尔多斯高原、黄土高原和汾渭盆地等较大的地貌单元；第三级阶梯从太行山以东至渤海，由黄河下游冲积平原和鲁中南山地丘陵组成。

2.1.3 土地利用

黄河流域幅员辽阔，地形地貌复杂多样，自然和社会经济条件因地而异，因此流域内不同地区的土地利用结构有很大差异。龙羊峡以上地区地势高亢、气候寒冷、人烟稀少、畜群众多，土地利用以畜牧业生产为主，各类草场占总土地面积的 80%以上，其他则为林地、耕地、湖泊以及高山区的冰川、裸地等。宁蒙地区的河套平原地带灌区连片，耕地占总土地面积的50%～70%，林地和草地零星分布；其他区域则地势平坦、气候干燥、风沙严重，地面多被沙丘和荒漠覆盖，属半农半牧地区，耕地仅占总土地面积的 3%～5%，部分流动沙丘和裸地未被利用，大部分土地为草地。黄河流域土地利用如图 2.2 所示。黄河上游主要土地利用类型面积与占比如表 2.1 所示。

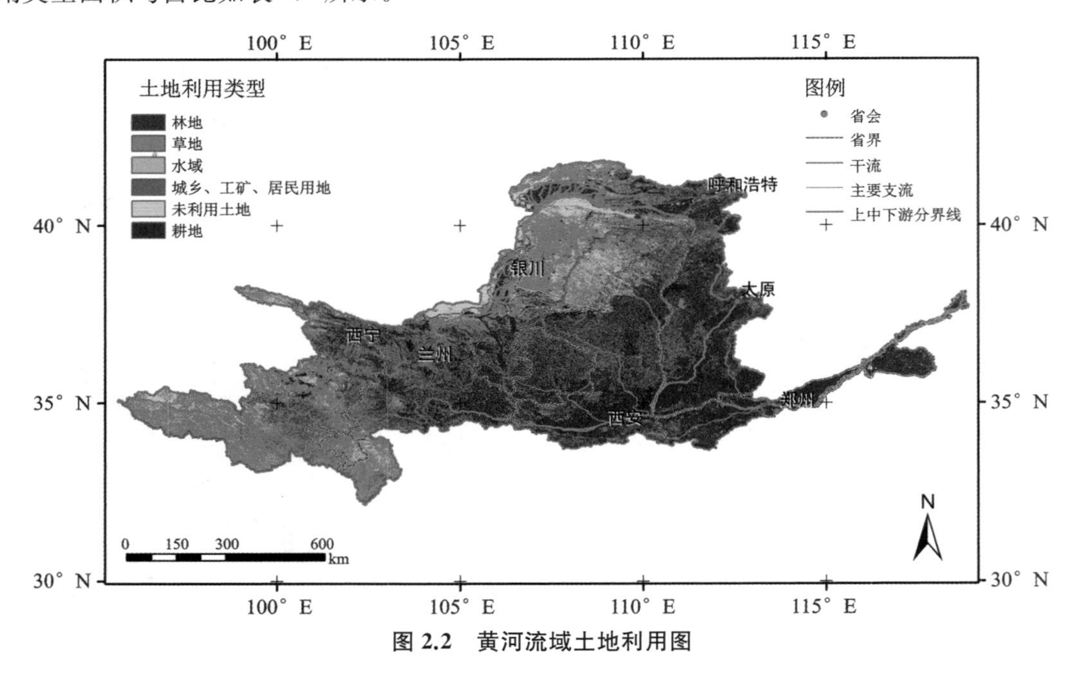

图 2.2 黄河流域土地利用图

表 2.1　　黄河上游主要土地利用类型面积与占比

河段	流域面积(万亩)	耕地		林地		草地	
		面积(万亩)	占比(%)	面积(万亩)	占比(%)	面积(万亩)	占比(%)
黄河流域	119207	24362	20.4	15302	12.8	41914	35.2
龙羊峡以上	19713	114	0.6	974	4.9	15963	81.0
龙羊峡—兰州	13670	1744	12.8	2030	14.9	7744	56.6
兰州—河口镇	24512	5098	20.8	420	1.7	6712	27.4

注：1 亩 $=0.067hm^2$。

2.1.4　气候特征

黄河流域属东亚季风气候。夏季西太平洋副热带高压北移，其外围暖湿气流与西风带低值系统所携带的冷空气交绥容易产生降水，交绥的强弱、进退、位置及持续时间的长短都将产生不同程度的降水，影响黄河流域的旱涝变化。本书选取降水、气温等主要气象要素进行统计分析，气象数据来源于中国气象科学数据共享服务网。

(1)降水

黄河流域地跨干旱、半干旱、半湿润、湿润 4 个区域。流域内大部分地区年降水量在 200～650mm，其中，黄河中上游南部和下游地区降水量最大，高于 650mm，而上游宁夏、内蒙古部分地区降水量最小，不足 150mm。1981—2010 年黄河上游干流区间 6—9 月降水量及年降水量如图 2.3 所示。兰州以上多年均值为 461.8mm，最大年降水量、最小年降水量分别为 533.2mm(2007 年)、381.4mm(1991 年)，两者比值为 1.4；兰州—河口镇多年均值为 257.4mm，最大年降水量、最小年降水量分别为 332.8mm(2003 年)、170.8mm(2005 年)，两者比值为 1.9。

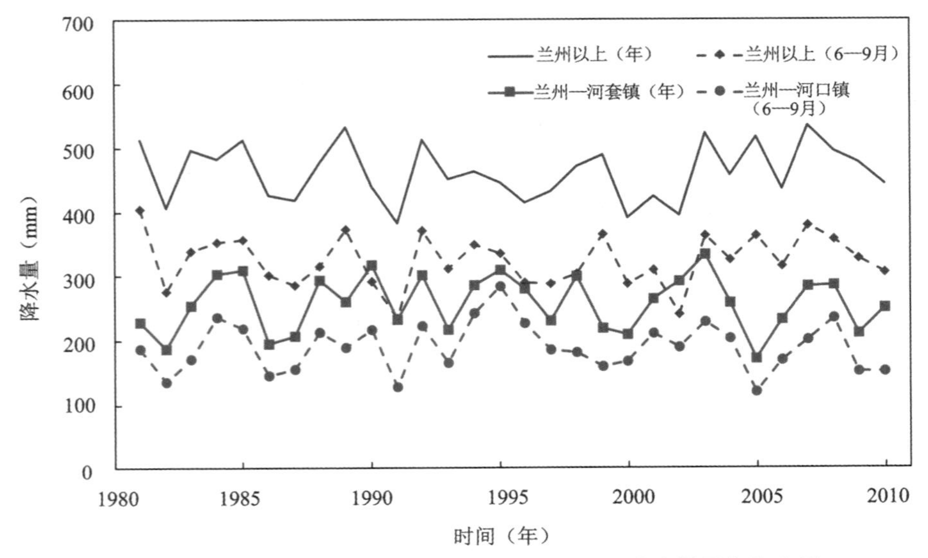

图 2.3　1981—2010 年黄河上游干流区间 6—9 月降水量及年降水量

1981—2010 年黄河上游干流区间 6—9 月降水量占年降水量百分比如图 2.4 所示，黄河上游干流区间降水年内分布情况如图 2.5 所示。

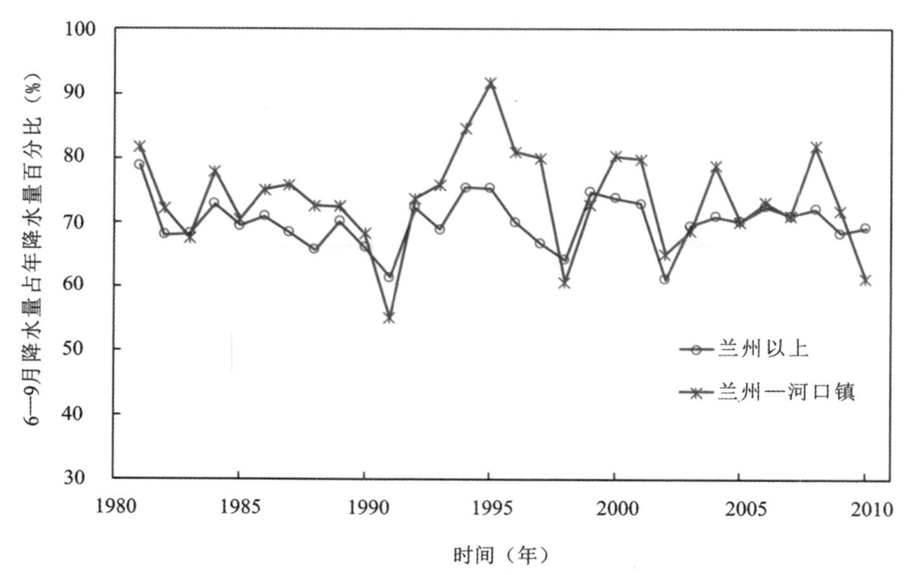

图 2.4　1981—2010 年黄河上游干流区间 6—9 月降水量占年降水量百分比

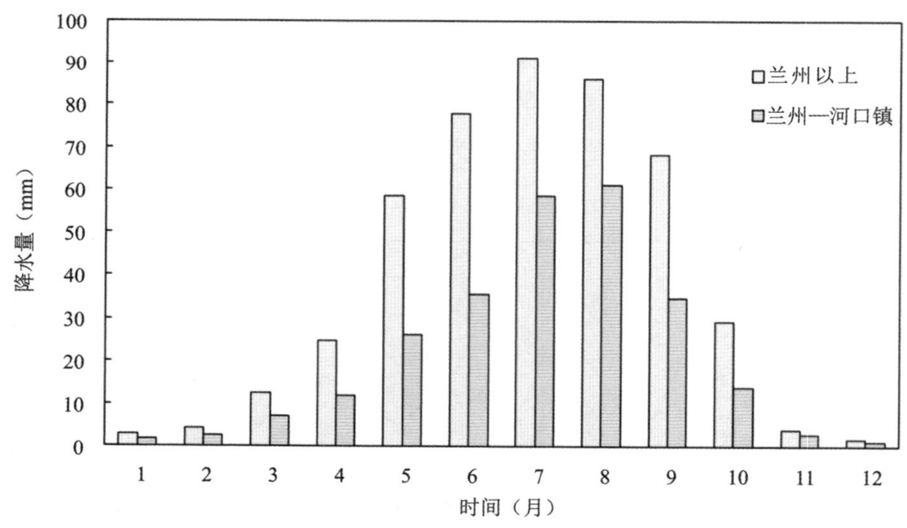

图 2.5　黄河上游干流区间降水年内分布

从图 2.4 和图 2.5 可以看出，黄河上游区域冬干春旱，夏秋多雨，降水年内分布不均，降水集中在 6—9 月，7 月降水量最大，8 月降水量次之；冬季降水量小，最小降水量出现在 12 月。连续最大 4 个月降水出现在 6—9 月，其中，兰州以上 6—9 月降水量占年降水量百分比最大为 78.9％、最小为 61.2％，多年均值约为 70.0％；兰州—河口镇 6—9 月降水量占年降水量百分比最大为 91.7％，最小为 55.0％，多年均值约为 73.3％。

(2)气温

1981—2010 年黄河上游主要省(自治区)及干流区间年平均气温如图 2.6 所示。

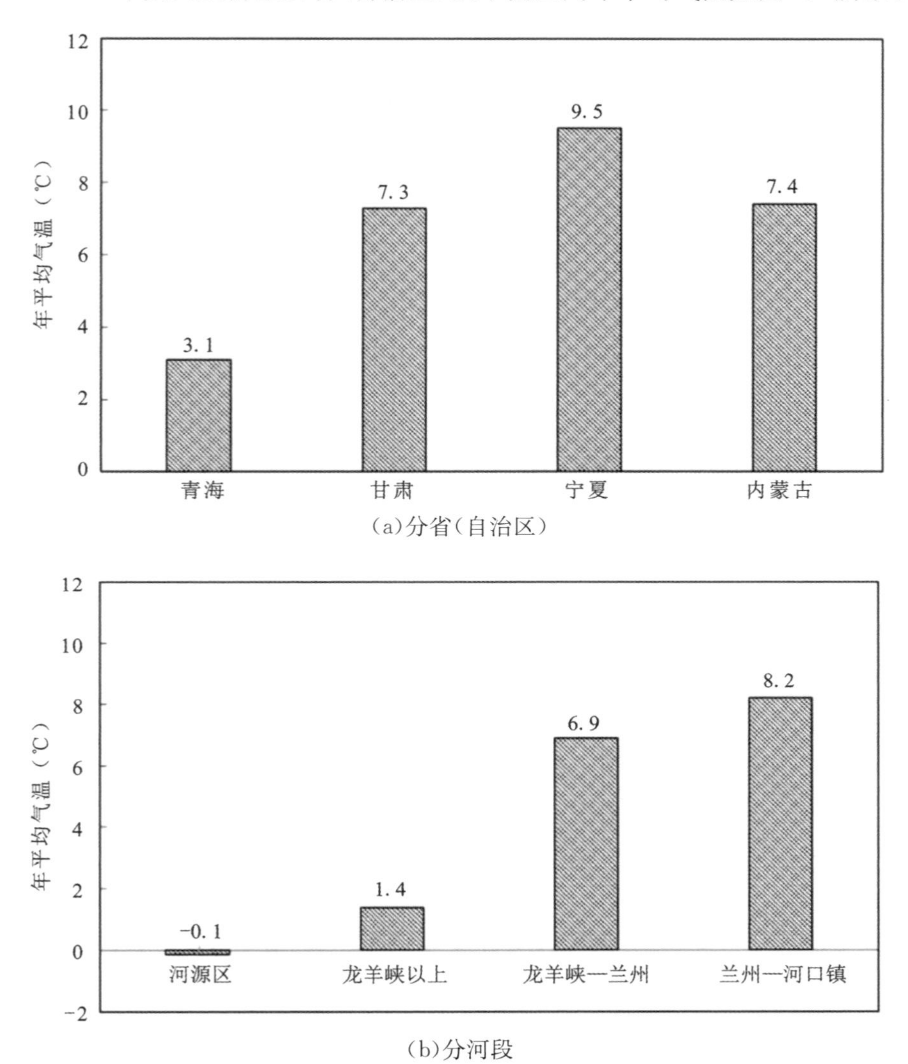

图 2.6　1981—2010 年黄河上游主要省(自治区)及干流区间年平均气温

从图 2.6 可以看出,黄河上游年平均气温为－3～10℃,总的分布特征是东高西低、南高北低。年平均气温随海拔高程增高而递减、随纬度升高而降低,如青海境内年平均气温为 3.1℃,为黄河上游主要省(自治区)最低气温,其中玛多气象站年平均气温仅为－3.3℃,为黄河上游乃至全流域最低值。气温沿流域自上而下递增,河源区年平均气温为－0.1℃,兰州—河口镇年平均气温为 8.2℃,分别为黄河上游分区中的最低气温和最高气温。

1981—2010 年黄河上游主要省(自治区)及干流区间月平均气温如图 2.7 所示。

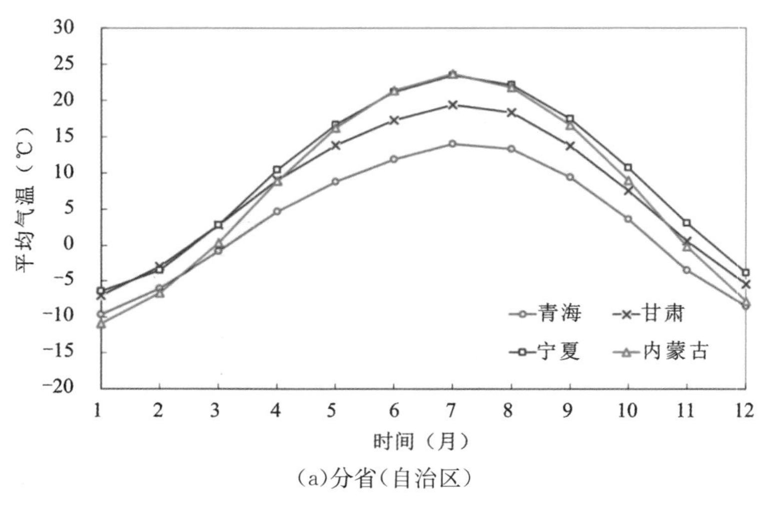

(a)分省(自治区)

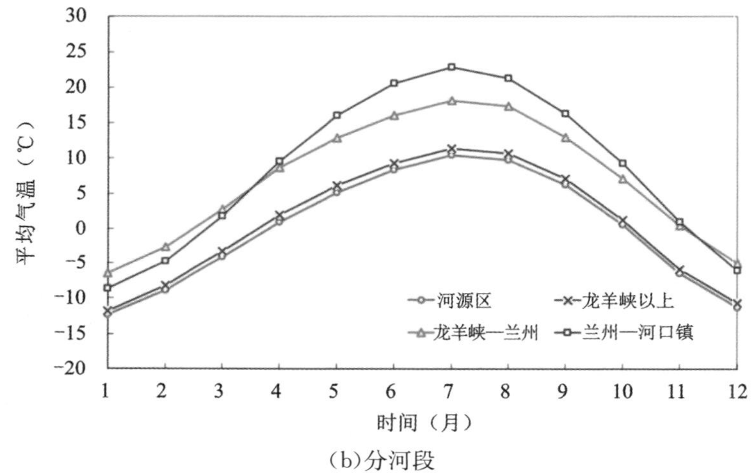

(b)分河段

图 2.7　1981—2010 年黄河上游主要省(自治区)及干流区间月平均气温

从图 2.7 可以看出,黄河上游气温年内变化较大,1 月、7 月气温分别为全年最低、最高气温。1 月黄河上游平均气温在－4～－16℃,存在 2 个低温区:一个是河源区,平均气温为－12.3℃,其中玛多气象站平均气温为－15.7℃,是典型的高寒地区;另一个是内蒙古境内,平均气温为－10.9℃,这是由于蒙古高压势力强盛使得其境内的气温明显偏低。7 月黄河上游主要省(自治区)中宁夏、内蒙古平均气温接近 24℃,甘肃、青海分别为 19.4℃、14℃,干流区间中兰州—河口镇平均气温最高,为 22.9℃。

(3)蒸发

黄河流域水面蒸发量随气温、地形、地理位置等变化较大。兰州以上多为高原和石山林区,气温较低,平均水面蒸发量为 790mm;兰州—河口镇降水量小,气候干燥,多沙漠草原,平均水面蒸发量为 1360mm(张俊峰等,2011)。

2.2 社会经济

2.2.1 人口结构

黄河流域内多民族聚居，主要有汉、回、藏、蒙古、东乡、土、撒拉、保安、满等9个民族，其中汉族人口占90%以上。黄河上游流经省(自治区)是少数民族人口相对集中的地区。

2010年、2018年黄河上游主要省(自治区)人口分布情况如表2.2所示，数据来源于各省(自治区)统计年鉴。2018年，黄河上游主要省(自治区)人口总数较2010年增长了234.1万，其中城镇人口增加了727.4万，农村人口则减少了493.3万。黄河上游主要省(自治区)城镇化率均较2010年有所提高，增幅为7.2%～11.6%。

表2.2　2010年、2018年黄河上游主要省(自治区)人口分布情况

年份	省(自治区)	人口(万)			城镇化率(%)
		总人口	城镇人口	农村人口	
2010	青海	563.5	252.0	311.5	44.7
	甘肃	2560.0	924.7	1635.3	36.1
	宁夏	633.0	303.6	329.4	48.0
	内蒙古	2472.2	1372.9	1099.3	55.5
	合计	6228.7	2853.2	3375.5	45.8
2018	青海	603.3	328.6	274.7	54.5
	甘肃	2637.3	1257.7	1379.6	47.7
	宁夏	688.2	405.2	283.0	58.9
	内蒙古	2534.0	1589.1	944.9	62.7
	合计	6462.8	3580.6	2882.2	55.4

2.2.2 经济结构

黄河流域大部分位于我国中西部地区，受历史、自然等因素影响，经济社会发展相对滞后。近年来，随着西部大开发、中部崛起等战略的实施以及国家经济政策向中西部倾斜，黄河流域经济社会得到快速发展。2010年、2018年黄河上游主要省(自治区)GDP和人均GDP情况如表2.3所示，数据来源于各省(自治区)统计年鉴。2018年，在黄河上游主要省(自治区)GDP构成中，第一、二、三产业产值占比分别为10.1%、38.9%和51.0%。2018年黄河上游主要省(自治区)GDP较2010年增幅达71.3%，青海、甘肃、宁夏3个省(自治区)人均GDP增长近1倍。

表 2.3　　2010 年、2018 年黄河上游主要省(自治区)GDP 和人均 GDP 情况

年份	省(自治区)	GDP(亿元)				人均 GDP(元)
		总值	第一产业	第二产业	第三产业	
2010	青海	1350.43	134.92	744.63	470.88	24098
	甘肃	4023.20	501.73	1984.97	1536.50	15731
	宁夏	1696.39	151.41	833.14	711.84	26966
	内蒙古	11671.99	1095.28	6367.69	4209.02	47347
	合计	18742.01	1883.34	9930.43	6928.24	/
2018	青海	2865.23	268.10	1247.06	1350.07	47689
	甘肃	8246.06	921.30	2794.67	4530.09	31336
	宁夏	3705.18	279.85	1650.26	1775.07	54094
	内蒙古	17289.22	1753.82	6807.30	8728.10	68302
	合计	32105.69	3223.07	12499.29	16383.33	/

根据《全国主体功能区规划》(国发〔2010〕46 号文批复)中关于黄河流域经济发展的战略规划,未来还将推动黄河上游呼包鄂榆、关中—天水、兰州—西宁、宁夏沿黄经济区的加快发展,建设国家重要能源、战略资源接续地和产业集聚区,重点建设煤炭、电力、石油、天然气等能源基地,大力发展原材料工业,形成以能源和原材料为主导的产业体系(水利部黄河水利委员会,2013)。

2.3　水资源利用概况

根据黄河水利委员会发布的《黄河流域水资源公报》资料统计,2003—2016 年黄河上游省(自治区)地表水取水量如图 2.8 所示。

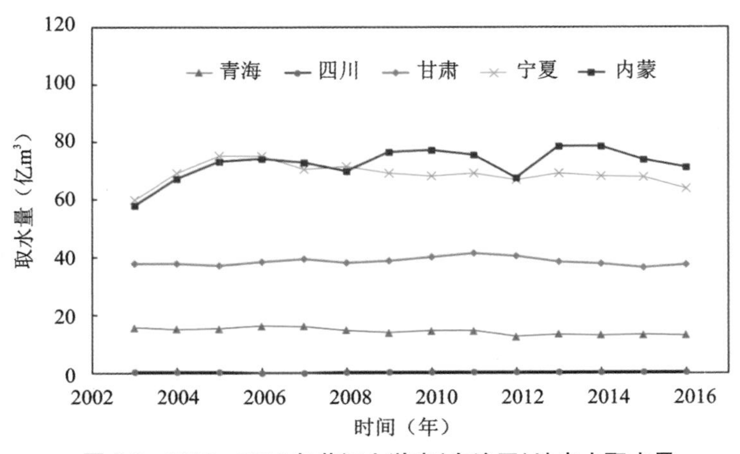

图 2.8　2003—2016 年黄河上游省(自治区)地表水取水量

从图 2.8 可以看出,内蒙古取水量年际变化最大,年取水量最大值为 78.36 亿 m^3

(2014年)、最小值为57.58亿m³(2003年),两者相差约26.5%;宁夏取水量年际变化次之,年取水量最大值为74.96亿m³(2005年)、最小值为59.63亿m³(2003年),两者相差约20.5%;其他省(自治区)取水量相对较小且较为稳定。

2003—2016年黄河上游分省(自治区)分行业地表水取水量均值如表2.4所示,2003—2016年黄河上游分省(自治区)分行业地表水耗水量均值如表2.5所示,2003—2016年黄河上游省(自治区)分行业地表水总取水量和总耗水量均值如图2.9所示,2003—2016年黄河上游分省(自治区)分行业地表水取水量均值如图2.10所示。

黄河上游省(自治区)地表水取水量均值为193.96亿m³,其中农田灌溉地表水取水量154.40亿m³,约占地表水总取水量的79.6%;林牧渔畜、工业、城镇公共、居民生活、生态环境地表水取水量分别为13.75亿m³、16.09亿m³、1.99亿m³、4.73亿m³、3.00亿m³,分别占地表水总取水量的7.1%、8.3%、1.0%、2.4%、1.6%。在分省(自治区)地表水取水量中,内蒙古、宁夏分别居第一、二位,地表水取水量均值分别为72.30亿m³、68.52亿m³,分别占地表水总取水量的37.3%和35.3%;四川地表水取水量最小,均值为0.31亿m³,仅占地表水总取水量的0.2%。

表2.4 2003—2016年黄河上游分省(自治区)分行业地表水取水量均值

行业	地表水取水量均值(亿m³)					
	青海	四川	甘肃	宁夏	内蒙古	合计
农田灌溉	10.94	0.10	22.73	57.95	62.68	154.40
林牧渔畜	2.06	0.10	1.58	6.33	3.68	13.75
工业	0.59	0.03	8.85	2.59	4.03	16.09
城镇公共	0.13	0.02	1.37	0.10	0.37	1.99
居民生活	0.56	0.06	3.19	0.34	0.58	4.73
生态环境	0.06	0.00	0.77	1.21	0.96	3.00
合　计	14.34	0.31	38.49	68.52	72.30	193.96

表2.5 2003—2016年黄河上游分省(自治区)分行业地表水耗水量均值

行业	地表水耗水量均值(亿m³)					
	青海	四川	甘肃	宁夏	内蒙古	合计
农田灌溉	8.24	0.08	18.74	29.19	50.25	106.50
林牧渔畜	1.63	0.09	1.34	5.54	3.10	11.70
工业	0.33	0.02	6.13	1.80	3.60	11.88
城镇公共	0.12	0.02	1.11	0.10	0.32	1.67
居民生活	0.36	0.04	2.25	0.27	0.55	3.47
生态环境	0.05	0.00	0.67	1.21	0.95	2.88
合　计	10.73	0.25	30.24	38.11	58.77	138.10

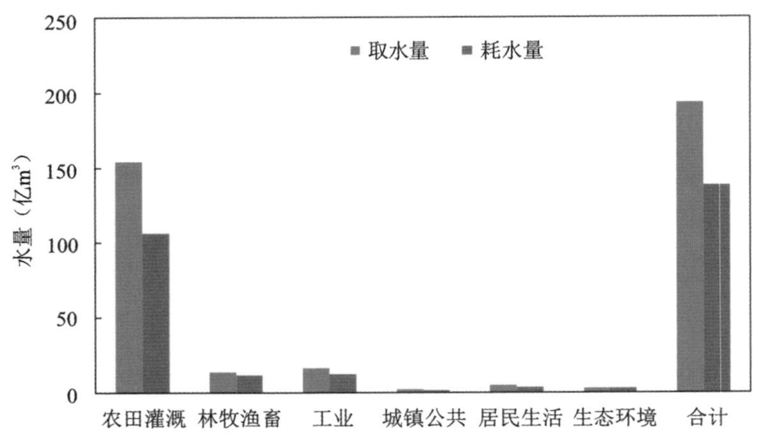

图 2.9　2003—2016 年黄河上游省(自治区)分行业地表水总取水量和总耗水量均值

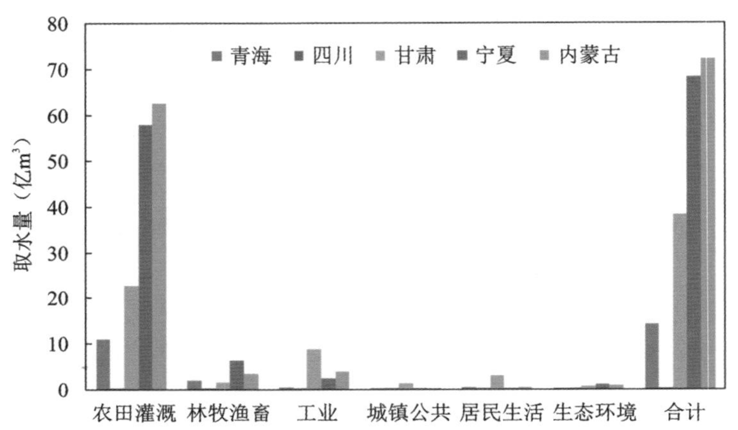

图 2.10　2003—2016 年黄河上游分省(自治区)分行业地表水取水量均值

2.4　水能资源概况

2.4.1　青海电网

水电是西北地区电网能源结构的重要组成部分。由于水电机组具有启停灵活、调节性能好、成本低、污染小等优势，一般作为补偿其他能源上网的最佳选择。黄河上游地区光伏、风电等清洁能源蕴藏丰富，随着新能源基地的建设，光伏、风电在近年来迎来快速发展，装机容量不断增加。

青海电网是我国为数不多的以水电作为能源结构主体的省网，同时清洁能源装机容量占比、发电量占比与消纳占比也位居全国前列。据统计，截至 2017 年底，青海电网总装机容量已达 2345 万 kW，其中光伏、风电等新能源装机容量 953 万 kW，占青海电网总装机容量的40.6%，包含水电以后，可再生能源装机容量占比高达82.8%（青海省人民政府，2018）。根据国网青海省电力公司资料统计，2013—2015年青海电网各类能源上网电量占比如图2.11所示（2015年数据统计至10月）。

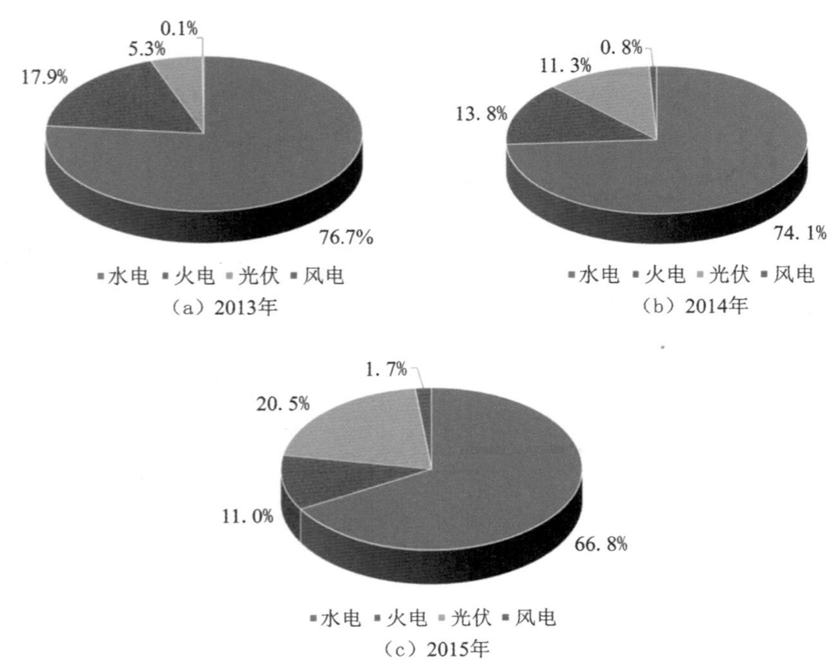

(a) 2013年　(b) 2014年　(c) 2015年

图2.11　2013—2015年青海电网各类能源上网电量占比

从图2.11可以看出，青海电网水电、火电上网电量比重不断降低，而新能源上网电量比重则不断攀升，其中光伏上网电量所占比重明显增加，从2013年的5.3%增加至2015年的20.5%。根据青海省"十三五"能源发展规划（青海省发展和改革委员会，2016），预计到2020年青海电网总装机容量将达到5480万kW，其中新能源装机容量将达到3310万kW，占总装机容量的60%，这将对水电的调峰能力提出更高的要求。

2.4.2　梯级水库

黄河上游干流龙羊峡—青铜峡河段规划总装机容量约18240MW，预计全部建成后设计年发电量将达到602亿kW·h。目前，该河段大部分水电站已建成并投入运行，其中装机容量在百万千瓦级以上的水电站主要有龙羊峡、拉西瓦、李家峡、公伯峡、积石峡、刘家峡。这些水电站受西北电网直接调度，其余中小水电站主要为省属电站。2020—2030年，黄河上游水电开发的重点是龙羊峡以上河段，规划建设十余座水电站，预计全部建成后装机容量将达到7000MW（目前，该河段位于龙羊峡上游距离最近的班多水电站已投入运行）。黄河上游干流班多—青铜峡梯级水电站位置分布如图2.12所示。

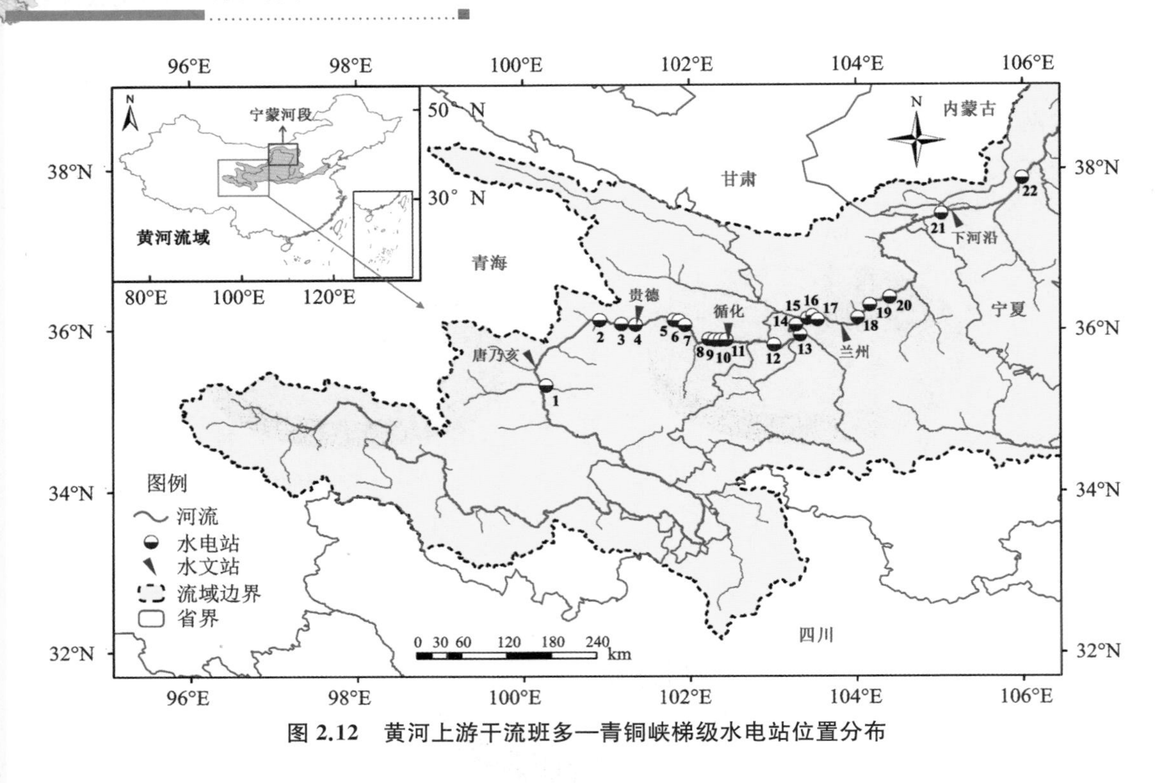

图 2.12　黄河上游干流班多—青铜峡梯级水电站位置分布

黄河上游干流班多—青铜峡梯级水电站主要特征参数如表 2.6 所示。需要说明的是，该梯级中尚未建成或已建成但截至 2015 年底未并网发电的水电站(如山坪、小观音、大柳树以及班多以上水电站等)在本研究中未予考虑。

表 2.6　　黄河上游干流班多—青铜峡梯级水电站主要特征参数

序号	电站	正常蓄水位(m)	死水位(m)	设计水头(m)	总库容(亿 m^3)	装机容量(MW)	设计年发电量(亿 kW·h)	调节性能	建成年份
1	班多	2760	2757	35.5	0.108	360	14.12	径流	2010
2	龙羊峡	2600	2530	122	247	1280	59.42	多年	1987
3	拉西瓦	2452	2440	205	10.79	4200	102.23	日	2009
4	尼那	2235.5	2231	14	0.262	160	7.63	日	2003
5	李家峡	2180	2178	122	16.5	2000	59	日周	1996
6	直岗拉卡	2050	2048	12.5	0.154	192	7.62	日	2005
7	康扬	2033	2031	18.7	0.288	280	9.92	日	2007
8	公伯峡	2005	2002	99.3	5.50	1500	51.4	日	2006
9	苏只	1900	1897.5	16	0.455	225	8.79	日	2006
10	黄丰	1880.5	1878.5	16	0.59	220	9.5	日	2013

续表

序号	电站	正常蓄水位(m)	死水位(m)	设计水头(m)	总库容(亿 m^3)	装机容量(MW)	设计年发电量(亿 kW·h)	调节性能	建成年份
11	积石峡	1856	1852	73	2.38	1020	33.63	日	2010
12	大河家	1783	1782	9.2	0.039	142	7.43	径流	2014
13	刘家峡	1735	1694	100	57	1350	57.6	不完全年	1968
14	盐锅峡	1619	1618.5	38	2.2	471	22.8	日	1975
15	八盘峡	1578	1576	18	0.49	220	9.5	日	1980
16	河口	1558	1556	15.9	0.164	78	4.55	径流	2011
17	柴家峡	1550.5	1548.5	6.8	0.166	96	4.94	径流	2007
18	小峡	1499	1497	13.8	0.48	230	9.56	日	2004
19	大峡	1480	1467	23	0.9	300	14.92	日	1996
20	乌金峡	1436	1434	10	0.2368	150	6.65	径流	2008
21	沙坡头	1240.5	1236.5	8.7	0.26	124.8	6.71	径流	2004
22	青铜峡	1156	1151	15.9	6.06	302	11.22	日	1967

2.4.3 主要调节水库

龙羊峡、刘家峡水库是黄河上游梯级中拥有主要调节能力的水库。两库调节库容总计229亿 m^3，占黄河上游班多—青铜峡梯级总调节库容的96.6%。

龙羊峡水库控制流域面积131400km^2，占全流域面积的16.5%，坝址处多年平均流量647m^3/s，控制水量占兰州断面的62%。作为黄河上游梯级的龙头水库，龙羊峡水库具有多年调节能力，控制着黄河全流域水量的时空分配，并对下游梯级进行补偿调节。电站安装有4台320MW的水轮发电机组，总装机容量1280MW，多年平均发电量59.42亿kW·h。

刘家峡水库控制流域面积181766km^2，坝址处多年平均流量866m^3/s。刘家峡水库为不完全年调节水库，是距离黄河干流重要控制断面兰州最近的调节性水库，保障着该断面及以下区域的供水、防洪、防凌安全，并对龙羊峡水库进行反调节。电站安装有5台水轮发电机组，初期总装机容量1225MW，后扩容至1350MW(1#、3#单机容量260MW，2#、4#单机容量255MW，5#单机容量320MW)，多年平均发电量57.6亿kW·h。

两库存在紧密的电力、水力联系，通过联合调度可以进行电能补偿调节以充分发挥水电的容量效益为西北电网调峰调频，可以进行库容补偿调节将丰水年和汛期的水量拦蓄起来补给枯水年和非汛期之用以实现蓄丰补枯。

采用二次多项式描述龙羊峡、刘家峡水库的坝前水位—库容关系以及坝后水位—下泄流量关系，如图2.13和图2.14所示。

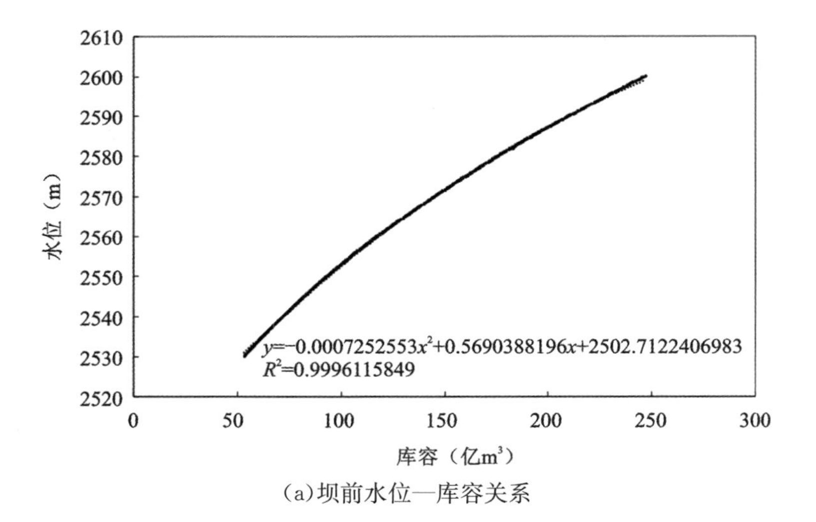

(a)坝前水位—库容关系

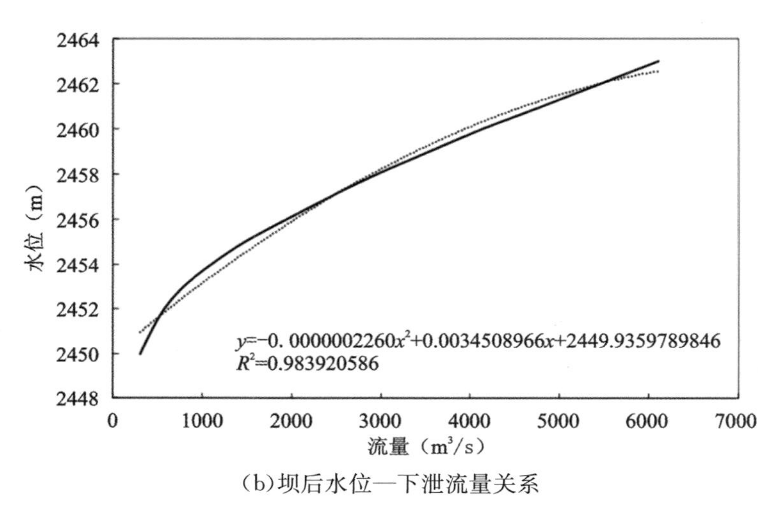

(b)坝后水位—下泄流量关系

图 2.13　龙羊峡水库特征关系曲线

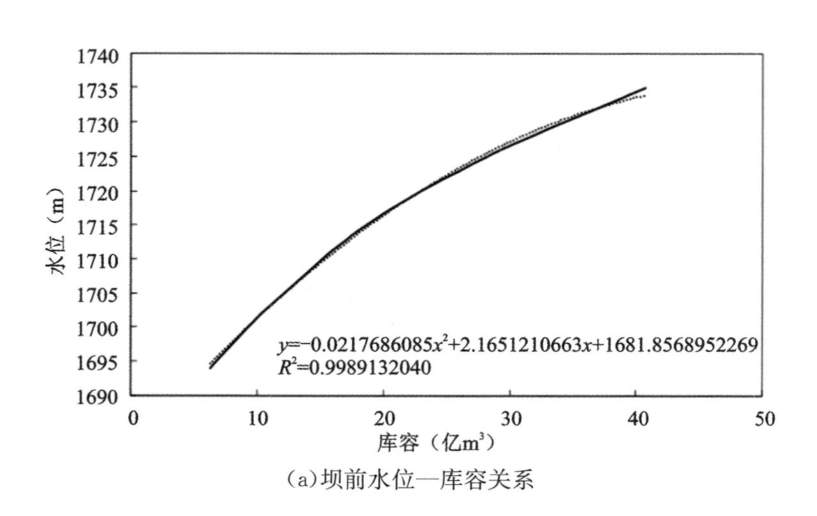

(a)坝前水位—库容关系

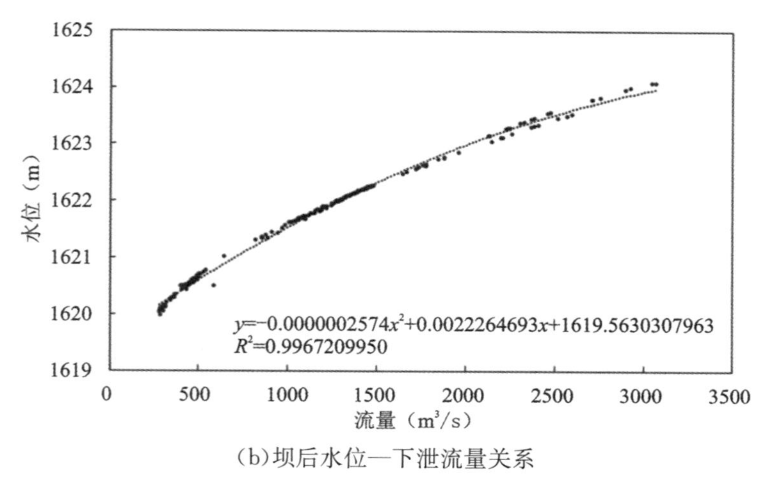

(b)坝后水位—下泄流量关系

图 2.14 刘家峡水库特征关系曲线

2.5 农业灌区概况

黄河流域耕地资源丰富，土壤肥沃，光热充足。2018 年，黄河流域省（自治区）粮食总产量约为 2.3 亿 t，占全国粮食总产量的 35.4%（方兰和李军，2019）。气候条件与水资源状况决定了黄河流域农业生产在很大程度上依赖于灌溉，灌溉面积占总耕地面积的 30%左右。黄河流域现有设计规模 10 万亩以上大中型灌区 87 处；设计规模 100 万亩以上特大型灌区 16 处，主要集中在上游宁蒙平原、中游汾渭盆地和下游沿黄平原等地，现状农田有效灌溉面积共计 7765 万亩（王煜等，2017）。

黄河上游的宁夏灌区和内蒙古灌区，是中国古老的大型灌区。宁夏灌区灌溉面积 317 万亩（含井灌 4 万亩），主要包括卫宁灌区、青铜峡灌区和陶乐抽黄灌区，灌溉面积分别为 50 万、262 万和 5 万亩。内蒙古灌区灌溉面积 936 万亩，主要包括河套灌区、土默川灌区和黄河南岸灌区，灌溉面积分别为 672 万、188 万和 76 万亩。

宁蒙灌区属大陆性气候，气候干燥，降水稀少，蒸发强烈，日照充足。宁夏灌区年平均气温 6～8℃，≥10℃积温为 2000～3000℃，日照时数 2800～3200 小时，无霜期 150～160 天，年平均降水量 190～230mm，年平均蒸发量 1200～1400mm；内蒙古灌区年平均气温 4～6℃，≥10℃积温为 2500～3000℃，日照时数 2900～3000 小时，无霜期 140～180 天，年平均蒸发量 1200～1600mm，其西部为干旱区，年平均降水量 130～150mm，东部为半干旱区，年平均降水量 300～400mm。

受用水管理水平、灌溉技术等因素影响，历史上黄河流域灌溉水利用效率不高，2006 年黄河流域平均灌溉水有效利用系数为 0.49，内蒙古灌区平均灌溉水有效利用系数为 0.44，宁夏灌区仅为 0.34（肖素君等，2009）。相比于小型灌区和井灌区域，大型灌区和自流灌区灌溉水利用效率较低。随着近年来黄河流域大型灌区续建配套与节水改造等措施的开展，灌溉水利用效率得到明显提升，2016 年宁夏灌区平均灌溉水有效利用系数增至 0.51，较 2006 年增加了近50%。

第3章　变化环境下的黄河流域上游径流演变特征

3.1　引言

河川径流是水循环的重要环节，是流域水资源规划的主要依据。在气候变化和人类活动的共同影响下，近年来黄河流域水文情势出现了显著性变化，径流序列稳态性受到破坏。黄河上游梯级中的主要调节水库兴建于20世纪90年代之前，按照历史来水条件设计的调度规则与实际来水情况存在偏差，不利于梯级效益的发挥。因此，准确把握黄河上游径流的演变规律是科学调度黄河上游梯级的前提条件。

本章系统识别了变化环境下的黄河流域上游径流演变特征。主要结构如下：3.1节分析了黄河流域上游径流的时空分布特征；3.2节、3.3节和3.4节选取黄河上游干流主要控制水文站唐乃亥的年径流序列，开展了趋势性、突变性、周期性检验。

3.2　时空分布特征

黄河上游径流主要来自兰州以上区间，兰州—头道拐主要为过境水。河源区来水量（以唐乃亥为代表站）约占兰州以上来水量的65%，其余水量主要来自龙羊峡—兰州的4条主要支流——大夏河、洮河、湟水和大通河（湟水支流）。本章所用数据来源为《黄河流域水文资料》。

3.2.1　上游干流

以龙羊峡水库建成年份1987年为分界点，统计黄河上游干流主要控制水文站长系列（资料起始年份至2015年）和短系列（1987—2015年）实测多年平均径流量，如表3.1所示。

表3.1　黄河上游干流主要控制水文站实测多年平均径流量

站名	资料起始年份	多年平均径流量（亿 m^3）	
		长系列	短系列
唐乃亥	1956	199.9	186.3
贵德	1954	202.5	182.1
循化	1950	212.5	189.4

续表

站名	资料起始年份	多年平均径流量(亿 m³)	
		长系列	短系列
兰州	1950	308.6	275.8
下河沿	1965	287.2	255.1
石嘴山	1950	273.2	230.2
巴彦高勒	1950	217.4	161.5
三湖河口	1953	216.9	172.9
头道拐	1952	210.2	163.8

其中,唐乃亥站长系列、短系列多年平均径流量分别为 199.9 亿 m^3 和 186.3 亿 m^3,后者较前者减少了约 6.8%;兰州站分别为 308.6 亿 m^3 和 275.8 亿 m^3,后者较前者减少了约 10.6%;头道拐站分别为210.2 亿 m^3 和 163.8 亿 m^3,后者较前者减少了约 22.1%。黄河上游干流年径流量的空间分布特征为:唐乃亥—兰州自上游至下游多年平均径流量逐渐增加,而兰州—头道拐自上游至下游多年平均径流量则逐渐减少。

1950—2015 年黄河上游干流主要控制水文站历年实测径流量如图 3.1 所示。黄河上游径流量年际变化较大,如唐乃亥站最大年径流量为 328.1 亿 m^3(1989 年)、最小年径流量为 105.7 亿 m^3(2002 年),两者比值为 3.1;兰州站最大年径流量为 508.5 亿 m^3(1967 年)、最小值为 203.9 亿 m^3(1997 年),两者比值为 2.5;头道拐站最大年径流量为 437.2 亿 m^3(1967 年),最小值为101.8 亿 m^3(1997 年),两者比值为 4.3。

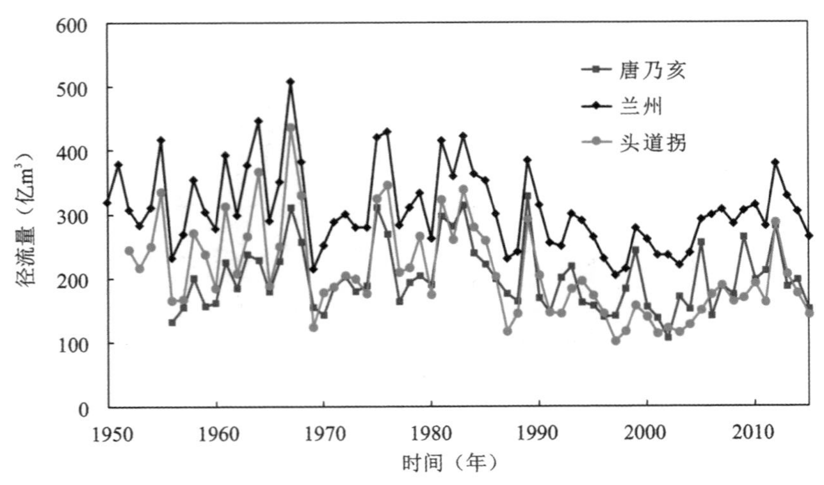

图 3.1　1950—2010 年黄河上游干流主要控制水文站历年实测径流量

黄河上游干流主要控制水文站实测径流量年内分布如表 3.2 和图 3.2 所示。

表 3.2　　黄河上游干流主要控制水文站实测径流量年内分布

站名	资料系列（年）	1—6月		7—10月		多年平均径流量（亿 m^3）
		径流量（亿 m^3）	占比（%）	径流量（亿 m^3）	占比（%）	
唐乃亥	1956—2015	61.6	30.8	120.0	60.0	199.9
	1987—2015	60.4	32.4	108.5	58.2	186.3
贵德	1954—2015	75.2	37.2	103.1	50.9	202.5
	1987—2015	87.0	47.8	67.1	36.9	182.1
兰州	1950—2015	114.0	36.9	157.7	51.1	308.6
	1987—2015	120.3	43.6	116.8	42.4	275.8
下河沿	1965—2015	98.5	34.3	135.8	47.3	287.2
	1987—2015	98.9	38.8	109.6	43.0	255.1
石嘴山	1950—2015	92.8	34.0	146.6	53.7	273.2
	1987—2015	94.3	41.0	102.1	44.3	230.2
头道拐	1952—2015	75.7	36.0	109.2	51.9	210.2
	1987—2015	75.6	46.2	65.62	40.1	163.8

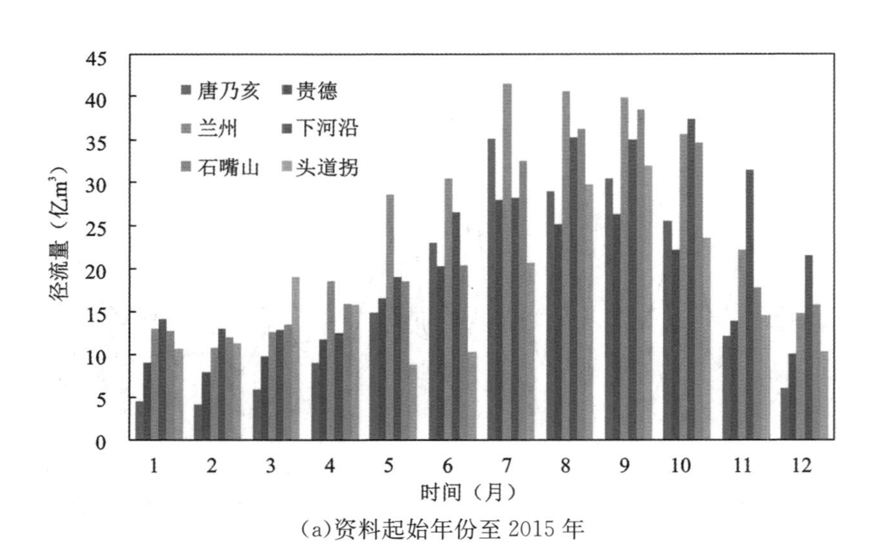

(a)资料起始年份至 2015 年

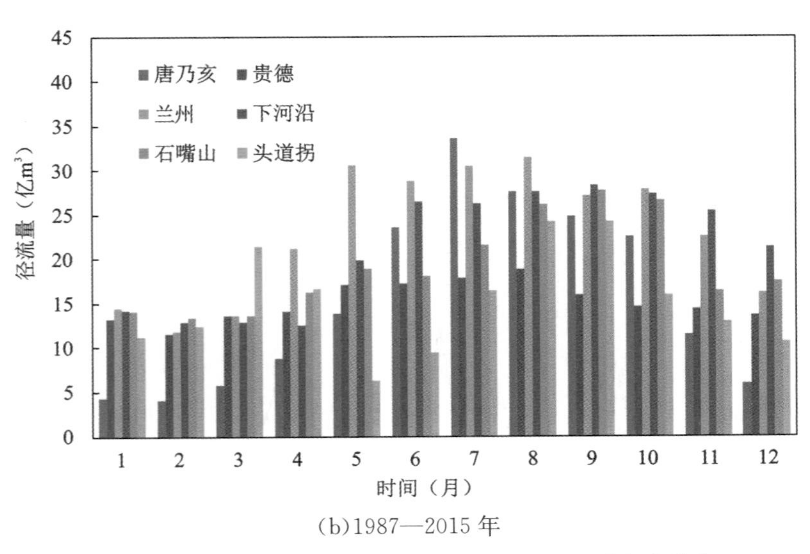

(b)1987—2015 年

图 3.2 黄河上游干流主要控制水文站实测径流量年内分布

从表 3.2 和图 3.2 可以看出，主要控制水文站实测径流量年内分布不均，如头道拐站 5 月径流量最小，6 月次之(与春灌用水高峰宁蒙河段取水有关)，其他站最小径流量均出现在 2 月；兰州以上各站 7 月径流量最大，下河沿—头道拐站则 9 月径流量最大。据 1956—2015 年和 1987—2015 年系列统计，唐乃亥站 1—6 月径流量分别占年径流量的 30.8%和 32.4%，后者较前者多 1.6%，7—10 月径流量分别占年径流量的 60.0%和 58.2%，后者较前者少 1.8%；兰州站 1—6 月径流量分别占年径流量的 36.9%和 43.6%，后者较前者多 6.7%，7—10 月径流量分别占年径流量的 51.1%和 42.4%，后者较前者少 8.7%；头道拐站 1—6 月径流量分别占年径流量的 36.0%和46.2%，后者较前者多 10.2%，7—10 月径流量分别占年径流量的51.9%和 40.1%，后者较前者少 11.8%。对比图 3.2(a)、图 3.2(b)可以发现，龙羊峡水库运行后，其下游各站径流量年内分布变得相对平均，汛期 7—10 月径流量的占比减小，而非汛期 1—6 月径流量的占比增加。

3.2.2 主要支流

龙羊峡—兰州主要支流来水量以洮河红旗站居首，其次为大通河享堂站，湟水民和站和大夏河折桥站分居第三、四位。据统计，1956—2015 年红旗、享堂、民和站多年平均径流量分别为 44.9 亿 m³、27.5 亿 m³、15.8 亿 m³，1979—2015 年折桥站多年平均径流量为 7.5 亿 m³；1987—2015 年红旗、享堂、民和、折桥站多年平均径流量分别为 37.2 亿 m³、26.6 亿 m³、15.0 亿 m³、7.0 亿 m³，与 1956—2015 年相比，红旗、享堂、民和站多年平均径流量分别减少 17.1%、3.3%、5.1%，折桥站较 1979—2015 年减少 6.7%。

1956—2015 年黄河上游支流主要控制水文站历年实测径流量如图 3.3 所示。黄河上游主要支流径流量年际变化较大，如洮河红旗站最大年径流量 95.1 亿 m³(1967 年)、最小年径流量 25.2 亿 m^3(1997 年)，两者比值为 3.8；享堂站最大年径流量 50.2 亿 m^3(1989 年)、最小年径流量 18.2 亿 m^3(2015 年)，两者比值为 2.8；民和、折桥站最大年径流量与最小年径流量比值分别为 2.9 和 3.3。

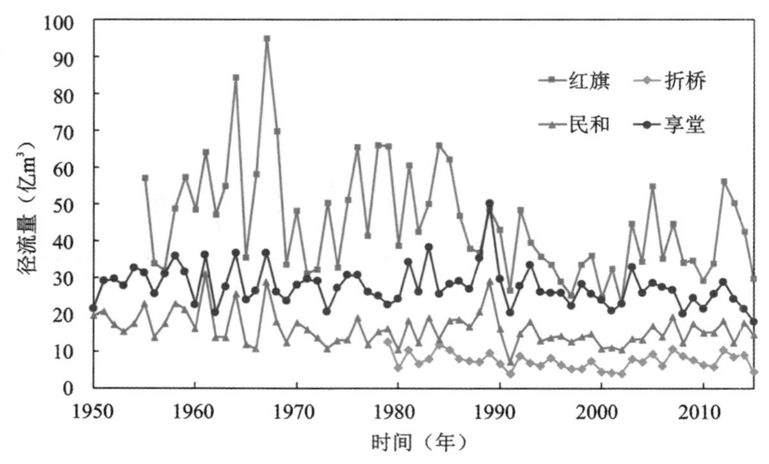

图 3.3　1956—2015 年黄河上游支流主要控制水文站历年实测径流量

1956—2015 年黄河上游支流主要控制水文站实测径流量年内分布情况如表 3.3 和图 3.4所示。各支流主要控制水文站径流量年内变化较大，最小径流量均出现在 2 月，最大径流量出现在 7—9 月；1956—2015 年 1—6 月和 7—10 月径流量占年径流量分别为 30.2%～32.8%和56.7%～62.8%，1987—2015 年 1—6 月和 7—10 月径流量占年径流量分别为29.2%～37.2%和 53.3%～63.1%。由于没有大型水库的调蓄作用，支流径流量的年内分布比例变化不大。

表 3.3　　1956—2015 年黄河上游支流主要控制水文站实测径流量年内分布

河名	水文站	资料系列（年）	1—6 月		7—10 月		多年平均径流量（亿 m^3）
			径流量（亿 m^3）	占比（%）	径流量（亿 m^3）	占比（%）	
大夏河	折桥	1979—2015	2.3	30.3	4.4	58.5	7.5
		1987—2015	2.2	30.7	4.1	57.9	7.0
洮河	红旗	1956—2015	14.4	32.0	25.5	56.7	44.9
		1987—2015	12.6	33.8	19.8	53.3	37.2
湟水	民和	1956—2015	5.2	32.8	9.2	58.0	15.8
		1987—2015	5.6	37.2	8.4	56.1	15.0
大通河	享堂	1956—2015	8.3	30.2	17.3	62.8	27.5
		1987—2015	7.8	29.2	16.8	63.1	26.6

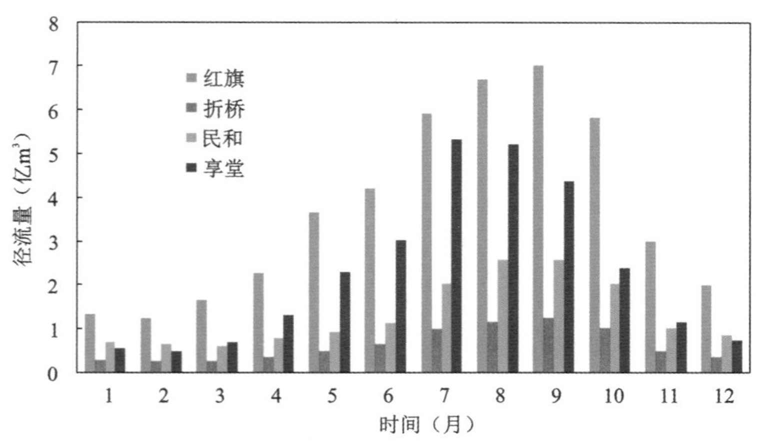

图 3.4 1956—2015 年黄河上游支流主要控制水文站实测径流量年内分布

3.3 趋势性

本节采用相对距平分析、线性倾向估计、滑动平均分析和累积距平分析等方法对唐乃亥站年径流序列趋势性进行分析。

3.3.1 相对距平分析

1956—2015 年唐乃亥站年径流量相对距平如图 3.5 所示。唐乃亥站 1956—2015 年最大年径流量为 328.1 亿 m³(1989 年)、最小年径流量为 105.7 亿 m³(2002 年)，分别较多年平均径流量199.9 亿 m³偏多 64.1%、偏少 47.1%，分属偏丰、偏枯年份。年径流量既有丰枯交替出现的年份，也有连续几年相对稳定的时段，20 世纪 60、80 年代年径流量较多年平均径流量偏多的年份居多，表现为丰水期；1990—2004 年除个别年份外，年径流量均较多年平均径流量偏少，表现为枯水期。

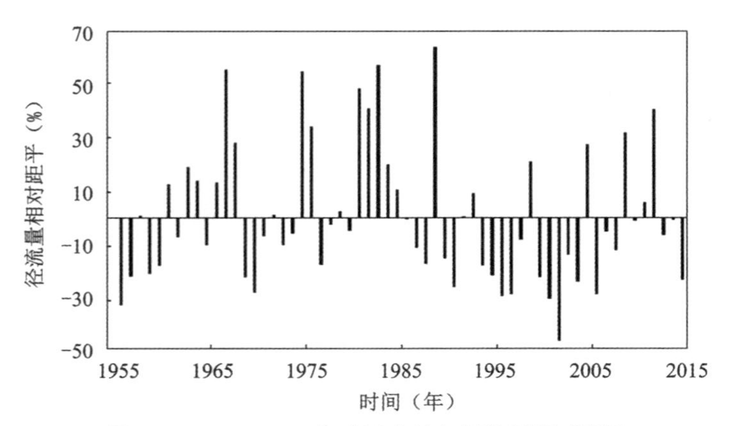

图 3.5 1956—2015 年唐乃亥站年径流量相对距平

3.3.2 线性倾向估计

采用线性倾向估计分析 1956—2015 年唐乃亥站年径流量的变化趋势。x_i 为年径流量，t_i 为与 x_i 对应的年份，回归方程如下：

$$\hat{x}_i = 208.36 - 0.277t_i \tag{3-1}$$

如图 3.6 所示，从总体上来看，唐乃亥站年径流量呈下降趋势，相关系数 $|r| = 0.093 < r_{0.05} = 0.2875$，表明趋势未通过 $\alpha = 0.05$ 显著性水平检验，即 1956—2015 年唐乃亥站年径流量虽有下降趋势，但趋势不明显。

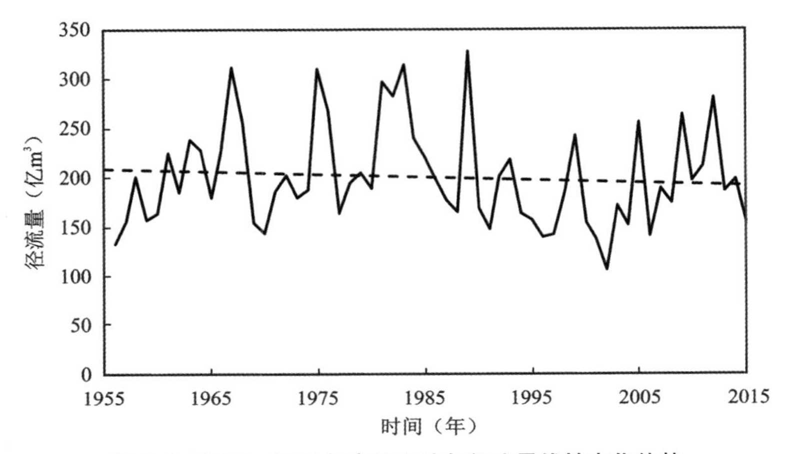

图 3.6 1956—2015 年唐乃亥站年径流量线性变化趋势

3.3.3 滑动平均分析

滑动平均通过确定时间序列的平滑值来显示变化趋势。对样本量为 n 的序列 x，其滑动平均序列表示为：

$$\hat{x}_j = \frac{1}{k}\sum_{i=1}^{k} x_{j+i-1} \qquad (j = 1, 2, \cdots, n - k + 1) \tag{3-2}$$

式中：k——滑动长度。

分别计算唐乃亥站年径流量 5 年、7 年滑动平均值，如图 3.7 所示。20 世纪 50 年代中期至 60 年代中期，唐乃亥站年径流量呈逐渐上升趋势；至 70 年代初，年径流量呈下降趋势；70 年代初至 80 年代中期，年径流量再次呈上升趋势；80 年代中期至 21 世纪初，年径流量持续下降至最低点，此阶段虽有小的波动，但总体呈下降趋势；21 世纪初至 2010 年，年径流量又呈上升趋势；之后又出现下降转折。

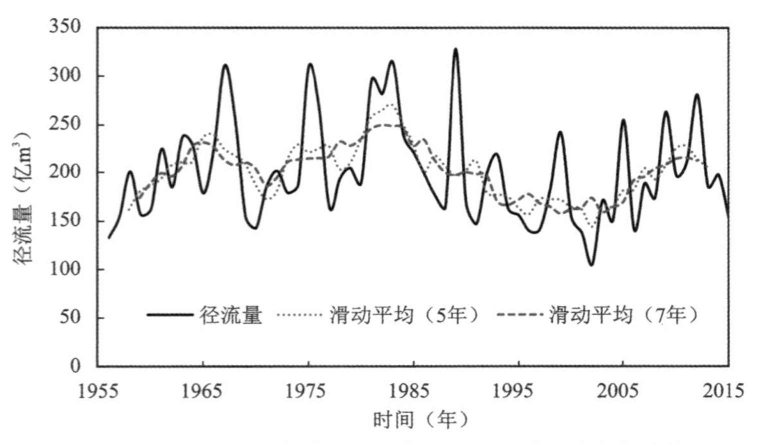

图 3.7　1956—2015 年唐乃亥站年径流量滑动平均变化趋势

3.3.4　累积距平分析

累积距平是一种通过曲线直观判断阶段性变化趋势的方法。对样本量为 n 的序列 x，某一时刻 t 的累积距平表示为：

$$\hat{x}_t = \sum_{i=1}^{t}(x_i - \bar{x}) \qquad (t = 1,2,\cdots,n) \tag{3-3}$$

其中

$$\bar{x} = \frac{1}{n}\sum_{i=1}^{n} x_i \tag{3-4}$$

1956—2015 年唐乃亥站年径流量累积距平曲线如图 3.8 所示。

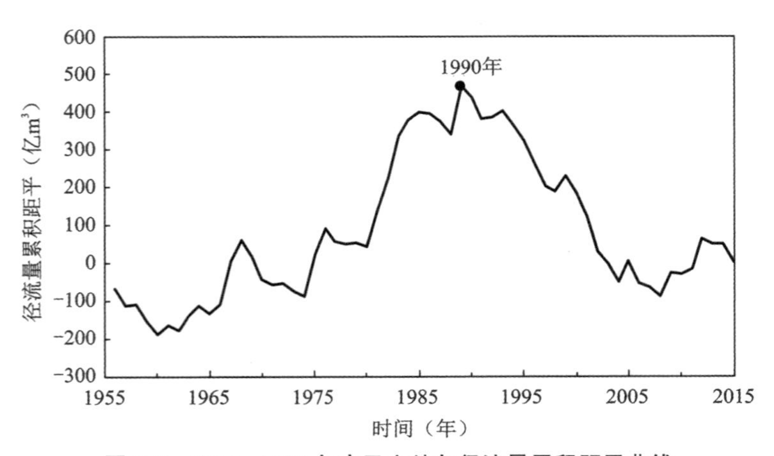

图 3.8　1956—2015 年唐乃亥站年径流量累积距平曲线

1956—2015 年唐乃亥站年径流量有一次显著的波动和几次小的波动。20 世纪 60 年代初至中后期，年径流量呈上升趋势；60 年代末至 70 年代中期，年径流量呈减少趋势；70 年代中期至 80 年代末，年径流量呈增加趋势，其间经历了径流减小的小幅短暂波动，1990 年为明显转折点;90 年代初至 2008 年,年径流量持续减少,其间虽有小的上升波动,但总体呈下降趋势;2008—2012 年,年径流量又呈上升趋势;2013—2015 年,年径流量又再次由丰转枯。

3.4 突变性

本节采用滑动 t 检验和 Mann-Kendall 检验方法对唐乃亥站年径流序列突变性进行诊断分析。

3.4.1 滑动 t 检验

滑动 t 检验通过检验两组样本平均值的差异显著与否来判断突变。对样本量为 n 的序列 x ,设定某一时刻为基准点,定义统计量:

$$t = \frac{\bar{x}_1 - \bar{x}_2}{s \cdot \sqrt{\frac{1}{n_1} + \frac{1}{n_2}}} \tag{3-5}$$

其中

$$s = \sqrt{\frac{n_1 s_1^2 + n_2 s_2^2}{n_1 + n_2 - 2}} \tag{3-6}$$

式中:n_1——基准点前子序列 x_1 的样本数;

n_2——基准点后子序列 x_2 的样本数;

$\bar{x}_1$——基准点前子序列 x_1 的均值;

$\bar{x}_2$——基准点后子序列 x_2 的均值;

s_1^2—— 基准点前子序列 x_1 的方差;

s_2^2—— 基准点后子序列 x_2 的方差。

式(3-6)遵从自由度 $v=n_1+n_2-2$ 的 t 分布。

在唐乃亥站年径流序列中,$n=60$,取两段子序列 $n_1=n_2=10$,给定显著性水平 $\alpha=0.01$,按 t 分布自由度 $v=n_1+n_2-2=18$,$t_{0.01}=\pm 2.898$。计算得到的滑动 t 统计量如图 3.9 所示。

自 1965 年以来 t 统计量有一处超过 0.01 显著性水平,表明近 60 年来唐乃亥站年径流序列出现过一次明显的突变,突变时间在 1990 年,即 20 世纪 80 年代径流量呈上升趋势,1990—2005 年年径流量呈下降趋势,1980—2005 年唐乃亥站经历了年径流量由丰到枯的转变时期。滑动 t 检验与累积距平分析得出的唐乃亥站年径流量丰枯转折点一致,均在 1990 年。

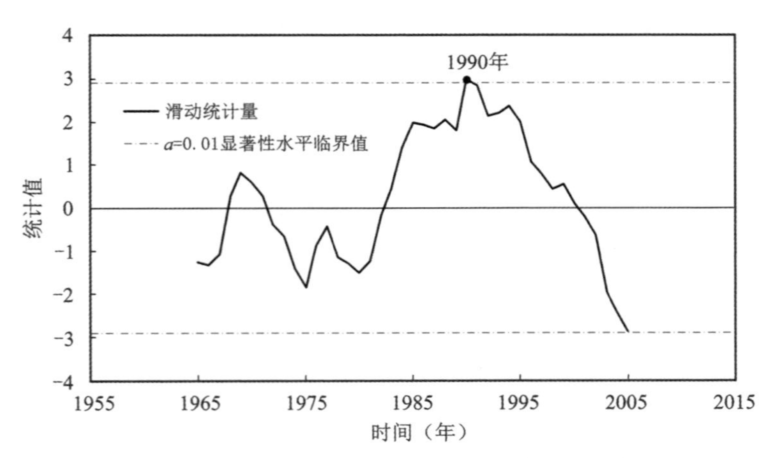

图 3.9 基于滑动 t 检验的唐乃亥站年径流序列突变分析

3.4.2 Mann-Kendall 检验

Mann-Kendall 检验是一种基于非参数秩次相关的统计检验方法(Mann,1945;Kendall,1975)。与有参数统计方法相比,非参数方法不需要假设样本分布,更适用于非正态分布的数据系列。对样本量为 n 的序列 x,构造秩序列:

$$s_k = \sum_{i=1}^{k} r_i \qquad (k = 2,3,\cdots,n) \tag{3-7}$$

其中

$$r_i = \begin{cases} 1 & (x_i > x_j) \\ 0 & (x_i \leqslant x_j) \end{cases} \qquad (j = 1,2,3,\cdots,i) \tag{3-8}$$

在时间序列随机独立的假定下,定义统计量:

$$UF_k = \frac{[s_k - E(s_k)]}{\sqrt{Var(s_k)}} \qquad (k = 1,2,\cdots,n) \tag{3-9}$$

式中: $E(s_k)$ ——累计数 s_k 的均值;

$Var(s_k)$ ——累计数 s_k 的方差。

在 $x_1,x_2,\cdots,x_n$ 相互独立且有相同连续分布时,计算表达如下:

$$\begin{cases} E(s_k) = \dfrac{k(k-1)}{4} \\ Var(s_k) = \dfrac{k(k-1)(2k+5)}{72} \end{cases} \qquad (k = 2,3,\cdots,n) \tag{3-10}$$

UF_i 是按时间序列 $x_1,x_2,\cdots,x_n$ 顺序计算出的统计量序列,服从标准正态分布,$UF_1 = 0$。按时间逆序列 $x_n,x_{n-1},\cdots,x_1$ 重复上述过程,使 $UB_k = UF_k (k = n,n-1,\cdots,1)$,$UB_1 = 0$。

基于 Mann-Kendall 检验的唐乃亥站年径流序列突变的结果如图 3.10 所示。

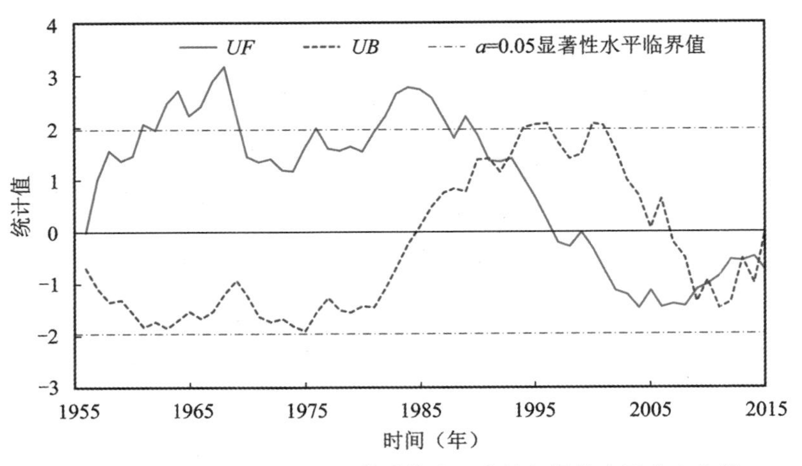

图 3.10　基于 Mann-Kendall 检验的唐乃亥站年径流序列突变分析

在给定的显著性检验水平 $\alpha=0.05$(即 $\mu_{0.05}=\pm1.96$)下，根据 UF 和 UB 曲线交点的位置，经检验得唐乃亥站 20 世纪 90 年代初年径流量减少是一突变现象，突变时间为 1991 年，与上述累积距平、滑动 t 检验得到的突变点 1990 年基本吻合；另外，在 2008—2015 年序列也检测出两个小幅震荡的区域，突变点分别是 2009 年(径流由枯转丰)和 2013 年(径流由丰转枯)。

3.4.3　突变前后径流特征分析

以 1990 年作为分界点，开展唐乃亥站年径流序列突变前后特征分析。如图 3.11 所示，1956—1989 年(基准年系列)和 1990—2015 年唐乃亥站多年平均径流量分别为 213.6 亿 m^3 和182.0 亿 m^3。

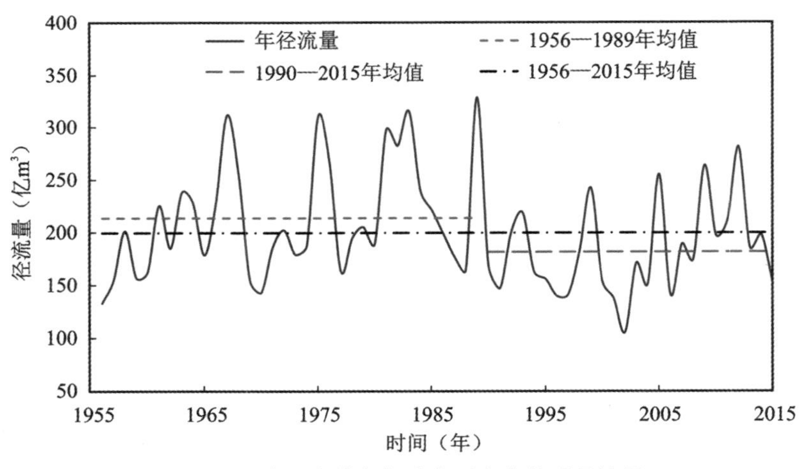

图 3.11　唐乃亥站年径流序列突变前后径流量

与 1956—1989 年相比，1990—2015 年唐乃亥站多年平均径流量减少 31.6 亿 m^3，减幅为14.8%；1956—1989 年、1990—2015 年多年平均径流量分别较 1956—2015 年多年平均径流量偏多6.9%和偏少 9.0%。

唐乃亥站年径流序列突变前后的月径流量分布箱型图如图 3.12 所示。

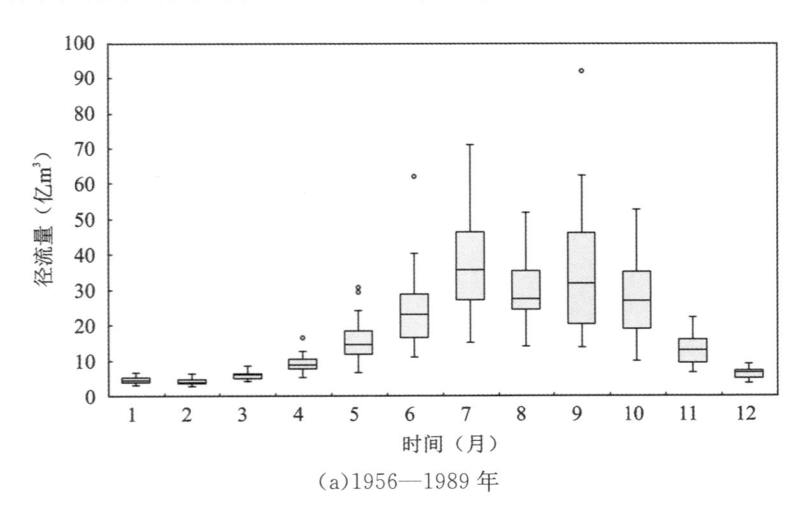

(a)1956—1989 年

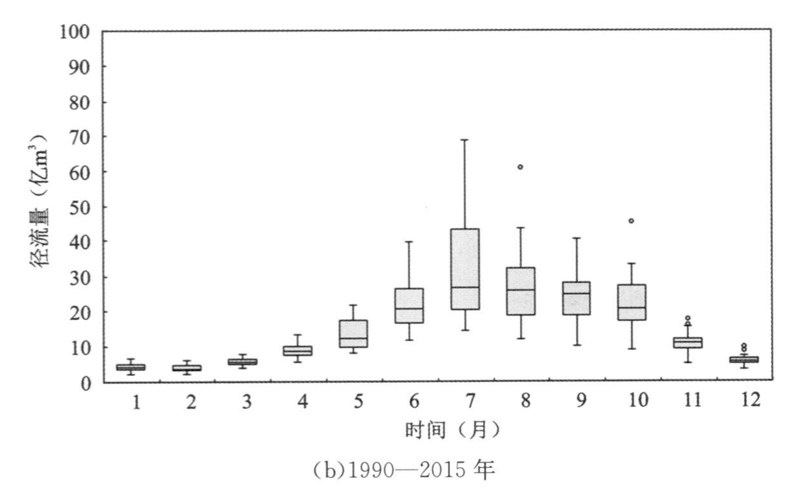

(b)1990—2015 年

图 3.12　唐乃亥站年径流序列突变前后的月径流量分布箱型图

从图 3.12 上可以反映出突变前后唐乃亥站径流量年内分布产生较大变化，主要体现在各月径流量均值总体下降，汛期径流量大幅减少，尤其是后汛期 9—10 月减少最多，使汛期原本 7、9 月的双峰过程变为 7 月的单峰过程。

1956—1989 年唐乃亥站径流量年内分布主要集中在 6—10 月，其平均径流量为 154.2 亿 m³，约占年径流量的 72.2%。其中，以 7 月径流量(37.2 亿 m³)最大，9 月径流量(34.9 亿 m³)次之，分别占年径流量的 17.4%、16.3%。1、2 月径流量最小，分别为4.7 亿 m³、4.2 亿 m³，占年径流量的2.2%、2.0%。

1990—2015 年径流量年内分布仍主要集中在 6—10 月，其平均径流量为 128.3 亿 m^3，约占年径流量的 70.5%，与 1956—1989 年相比，汛期径流量减少了 25.9 亿 m^3，减幅为 16.8%，占年径流量的比例减少了 1.7%。与 1956—1989 年相比，各月径流量均有不同程度的减少，其中减幅最大的为 9 月，径流量为 24.5 亿 m^3，减少了 10.4 亿 m^3，减幅为29.8%，径流量占比由 1956—1989 年的 16.3%减少为 13.5%，其次为 10 月，减幅为 21.5%。1—3 月径流量减少了 1.8%～4.8%，减幅相对较小。各月径流量占年径流量的比例与基准年相比，9 月、10 月表现为减少，5 月、11 月基本持平，其余各月均略有增加。

3.5 周期性

本节采用小波分析方法对唐乃亥站年径流序列周期性进行分析。

3.5.1 径流小波分析

(1)小波分析方法

采用小波分析方法对数据序列的周期变化进行检验，能够提取出其中反映变化规律的成分。小波分析主要涉及小波函数和小波变换，将基本小波函数 $\psi(t)$ 经过伸缩和平移得到一簇函数：

$$\psi_{a,b}(t)=|a|^{-\frac{1}{2}}\psi\left(\frac{t-b}{a}\right) \qquad (a,b\in R,a\neq 0) \tag{3-11}$$

式中：$\psi_{a,b}(t)$ ——分析小波或连续小波；

ψ—— 基本小波或母小波函数；

a—— 尺度因子，反映函数的时间尺度；

b ——平移因子，反映函数在时间轴上的平移位置。

对于时间序列 $f(t)\in L^2(R)$，连续小波变换定义为：

$$W_f(a,b)=|a|^{-\frac{1}{2}}\int_{-\infty}^{+\infty}f(t)\bar{\psi}\left(\frac{t-b}{a}\right)\mathrm{d}t \tag{3-12}$$

式中：$W_f(a,b)$ ——小波变换系数；

$\bar{\psi}\left(\frac{t-b}{a}\right)$ —— $\psi\left(\frac{t-b}{a}\right)$ 的复共轭函数。

将时间尺度 a 对应的所有小波系数的平方值在 b 域上进行积分，得到小波方差：

$$Var(a)=\int_{-\infty}^{+\infty}|W_f(a,b)|^2\mathrm{d}b \tag{3-13}$$

小波方差反映了数据序列在以时间尺度 a 为周期时波动的强弱(能量大小)。小波方差随时间尺度 a 变化的过程，即为小波方差图。

选用墨西哥帽状(Mexican Hat)小波函数：

$$\psi(t)=(1-t^2)\frac{1}{\sqrt{2\pi}}e^{-\frac{t^2}{2}} \qquad (-\infty<t<+\infty) \tag{3-14}$$

由突变性检验可知，唐乃亥站年径流序列突变发生于1990年附近。因而，将1956—2015年年径流序列划分为1956—2015年、1956—1989年、1990—2015年3个序列，对年径流量做标准化处理，采用小波分析方法分析其周期变化趋势。

(2)小波分析结果图

小波分析结果如图3.13所示。

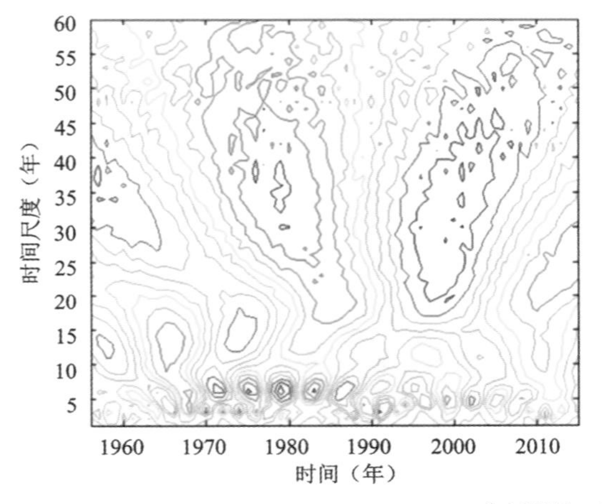

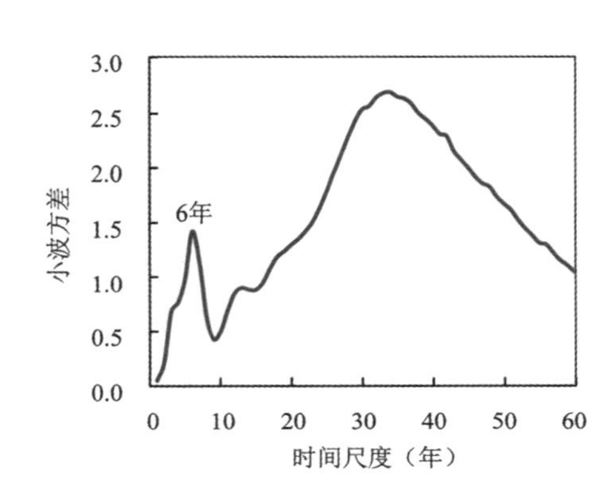

(a)1956—2015年

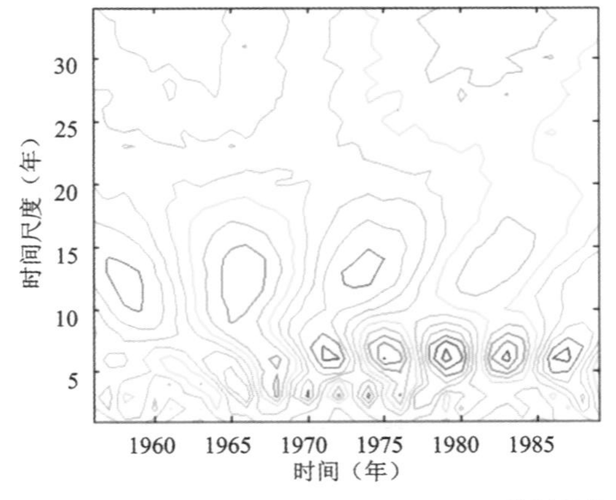

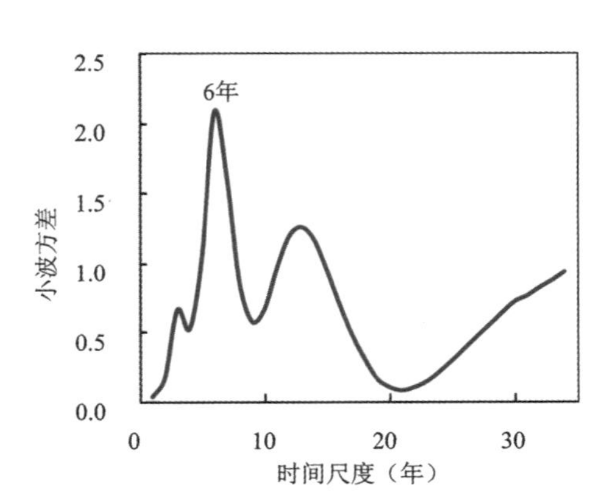

(b)1956—1989年

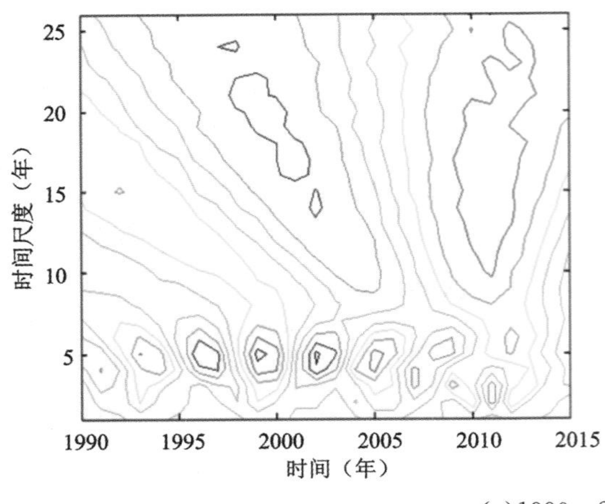

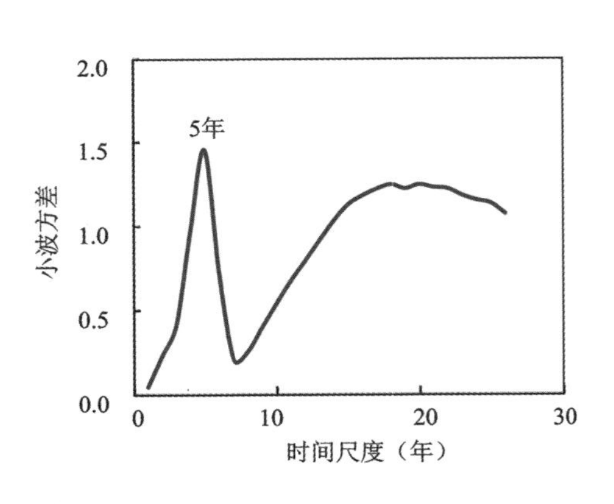

(c)1990—2015 年

图 3.13　小波分析结果图

从图 3.13 中可以反映出唐乃亥站年径流量在不同时间尺度上的周期振荡、强弱和突变点位置分布。其中，左侧为小波变换等值线图，图中颜色趋向于红色表示径流量“丰”，趋向于蓝色表示径流量“枯”；右侧为小波方差图。

图 3.13(a)显示了 1956—2015 年 60 年的年径流量在不同时间尺度下的变化特征。在小波变换等值线图中，大尺度变化里嵌套着小尺度的变化结构，在时间尺度 5～8 年时，径流发生了比较明显的振荡，径流经历了“枯—丰—枯—丰”的循环交替变化，其中 1975—1986 年震荡最为剧烈，相位结构简单，突变点位置明显；在时间尺度 10～18 年、25～50 年时，也分别出现了“枯—丰—枯—丰”的循环交替变化。在小波方差图中，显示周期 34 年的方差最大，由于其周期长度大于 60 年资料长度的一半，可靠性较低，不作为周期结论，因此可以判定 1956—2015 年唐乃亥站年径流序列存在 6 年左右的第一主周期和 13 年左右的第二主周期。

图 3.13(b)显示了 1956—1989 年 34 年的年径流量在不同时间尺度下的变化特征。在小波变换等值线图中，在时间尺度 5～8 年时，径流发生了比较明显的振荡，经历了“枯—丰—枯—丰”的循环交替变化，其中 1970—1989 年震荡剧烈，突变点位置明显；在时间尺度 9～18 年、3～4 年时，也分别出现了震荡变化。在小波方差图中，显示 1956—1989 年，唐乃亥站年径流序列存在 6 年左右的第一主周期、13 年左右的第二主周期和 3 年左右的第三主周期变化。

图 3.13(c)显示了 1990—2015 年 26 年的年径流量在不同时间尺度下的变化特征。在小波变换等值线图中，有大、小两个时间尺度的变化结构，其中 5～7 年时间尺度上，径流振荡比较显著，依然是“枯—丰—枯—丰”的循环交替变化；1995—2004 年震荡剧烈，其他时段震荡平缓。在小波方差图中，显示 1990—2015 年唐乃亥站年径流序列存在 5 年左右的主周

期变化，较突变前的 1956—1989 年唐乃亥站年径流序列变化的主周期 6 年缩短 1 年左右，说明突变后的径流丰枯转换相较于突变前更为频繁。

3.5.2 主周期趋势分析

根据小波方差检验的结果，绘制 1956—2015 年唐乃亥站年径流序列的第一主周期和第二主周期以及 1990—2015 年主周期的小波系数，如图 3.14 所示。

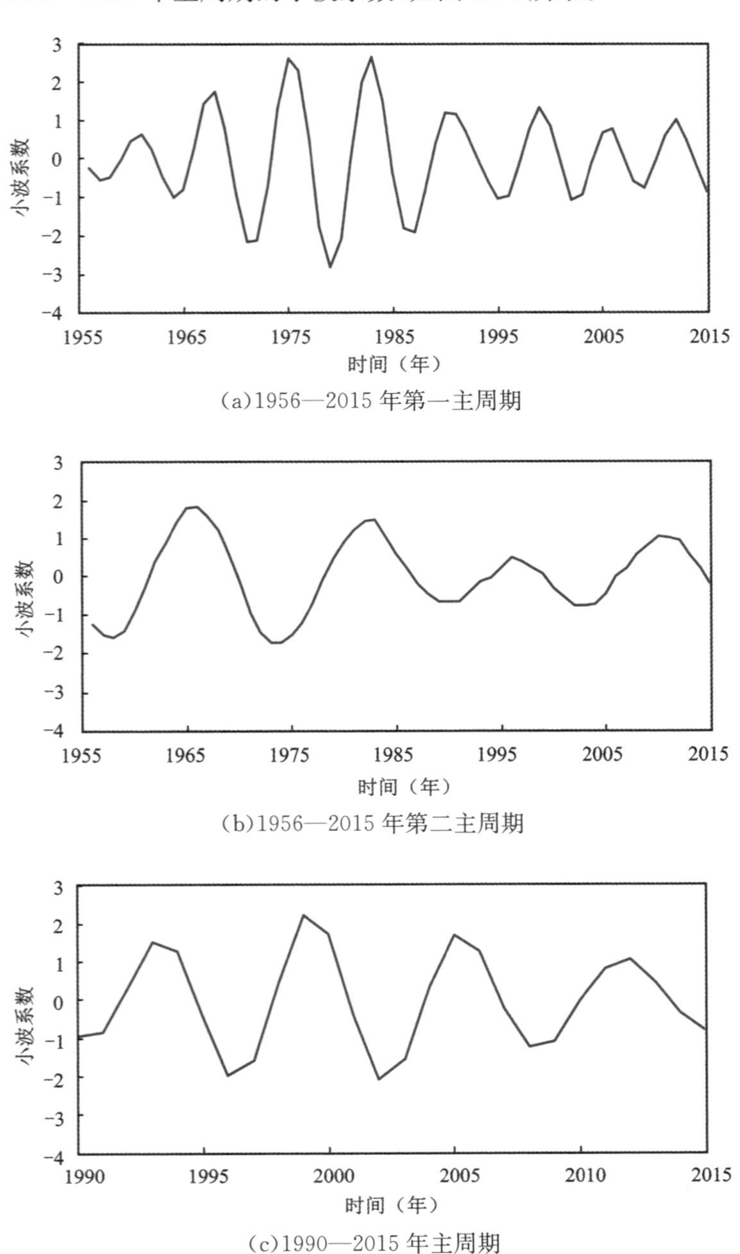

(a)1956—2015 年第一主周期

(b)1956—2015 年第二主周期

(c)1990—2015 年主周期

图 3.14　唐乃亥站年径流序列不同时间尺度周期变化的小波系数

图 3.14(a)显示，在 1956—2015 年第一主周期 6 年左右的时间尺度下，唐乃亥站年径流序列经历了 8 个径流枯—丰交替变化期，其中 1971—1986 年径流枯—丰变化最为剧烈，其他时段变化相对平缓。

图 3.14(b)显示，在 1956—2015 年第二主周期 13 年左右的时间尺度下，唐乃亥站年径流序列经历了 4 个径流枯—丰交替变化期，其中 1958—1986 年径流枯—丰变化相对剧烈，其他时段尤其是 1987—2007 年变化较为平缓。

图 3.14(c)显示，在 1990—2015 年主周期 5 年左右的时间尺度下，唐乃亥站年径流序列经历了 4 个径流枯—丰交替变化期，其中 1995—2007 年径流枯—丰变化相对剧烈。

3.6 本章小结

本章采用多种统计分析和变异诊断方法，系统分析了黄河上游径流的时空分布特征以及趋势性、突变性、周期性等演变规律。取得的主要结论如下：

1)黄河河源区来水量(以唐乃亥为代表站)约占兰州以上来水量的 65%，其余水量主要来自龙羊峡—兰州的 4 条主要支流。黄河上游干流径流的分布特征为唐乃亥—兰州自上游至下游多年平均径流量逐渐增加、兰州—头道拐自上游至下游多年平均径流量逐渐减少。龙羊峡水库运行后，水库下游各站年内径流分布变得相对平均，汛期占比减小而非汛期占比增加。黄河上游主要支流来水量以洮河红旗站居首，其次为大通河享堂站，湟水民和站和大夏河折桥站分居第三、四位；由于没有大型水库的调蓄作用，支流径流量的年内分布比例变化不大。

2)经趋势性检验发现，1956—2015 年唐乃亥站年径流量介于 105.7 亿 m^3(2002 年)至 328.1 亿 m^3(1989 年)范围，多年平均径流量为 199.9 亿 m^3；20 世纪 60、80 年代年径流量较多年平均径流量偏多的年份居多，表现为丰水期，1990—2004 年除个别年份外，年径流量均较多年平均径流量偏少，表现为枯水期；唐乃亥站年径流量总体呈减小趋势，但趋势并不显著。

3)经突变性检验发现，唐乃亥站年径流序列突变点位于 1990 年附近；与 1956—1989 年系列相比，1990—2015 年系列多年平均径流量减少了 31.6 亿 m^3，减幅为 14.8%；突变前后径流年内分布特征发生变化，由 1956—1989 年汛期的双峰过程(7 月和 9 月)转变为 1990—2015 年汛期的单峰过程(7 月)。

4)经周期性检验发现，1956—2015 年唐乃亥站年径流序列存在 6 年左右的第一主周期和 13 年左右的第二主周期，突变点后 1990—2015 年唐乃亥站年径流序列的主周期较 1956—1989 年减少约 1 年，意味着径流的丰枯转化更为频繁。

第4章 气候变化和人类活动对黄河宁蒙河段凌情影响

4.1 引言

全球气候变化对经济社会和生态环境带来的潜在影响，是社会各界广泛关注的焦点问题。政府间气候变化专门委员会（IPCC）第五次评估报告（IPCC，2013）显示，1880—2012年，全球平均地表气温上升了0.85℃，特别是1983—2012年是历史记载以来的最热时期，气候异常和极端事件发生越来越频繁。河冰是北半球中高纬度地区水域冬季普遍存在的一种自然现象，其发展过程对气候变化高度敏感。因此，河冰的时空分布特征也常被视为评价气候变化的关键指标（Beltaos，2008；Prowse，2002）。气温是影响冰情的最主要气候要素，其变化对河冰产生热力影响，决定了河冰的生消时间、冰盖数量和质量等。2000年发表于国际顶级刊物《科学》的文章通过分析1846—1995年北半球多条河流冰期数据，揭示了北半球气温以1.2℃/100年的平均速率上升，造成河流封河日期以5.8天/100年的平均速率推迟，开河日期以6.5天/100年的平均速率提前的规律（Magnuson et al.，2000）。

黄河流域宁夏—内蒙古河段（以下简称“宁蒙河段”）处于流域高纬度地区。隆冬季节，该河段易发生冰凌洪水灾害，形成凌汛。由于凌汛洪水的形成具有很大的突发性和不确定性，预测困难，加之凌情发展异常迅猛，其威胁有时更甚于伏汛洪水，应对起来也更加棘手（蔡琳，1996；Beltaos，2008）。据有关资料统计，1951—2010年60年期间，宁蒙河段有30年发生了冰凌灾害，其中有13年发生了堤防决口，致灾原因是多方面的，但封河、开河条件的不稳定是重要因素之一。人类活动（如修建水库工程、引水工程、控导工程等）对防凌减灾起到了重要的控制作用，尤其是以刘家峡水库和龙羊峡水库为代表的黄河上游梯级水库相继建成运行，通过改变水力、热力条件以及河道形态，对宁蒙河段凌情产生了深刻的影响。研究黄河上游梯级水库运行与宁蒙河段凌情的互馈响应关系，一方面有助于识别冰凌发展趋势，另一方面对于防凌调度也具有重要意义。

本章开展了气候变化和人类活动影响下的黄河宁蒙河段凌情演化趋势研究。主要结构如下：4.2 节概述了宁蒙河段凌情；4.3 节基于宁蒙河段长序列水文气象资料，采用 Mann-Kendall 趋势检验法和 Pettitt 变点检验法，识别了宁蒙河段气温与凌情指标的演变趋势和变点特征，并分析了凌情特征对气温的响应关系；4.4 节分时期探讨了刘家峡、龙羊峡水库运行前后的水动力热力影响以及凌情特征变化情况。

4.2 黄河宁蒙河段凌情

黄河宁蒙河段长 1203.8km，位于 37°17′～40°51′N，主要包括连续两段，即宁夏河段（流向自西南向东北）和内蒙古河段（流向自西向东），流路总体呈“Γ”字形（图 4.1）。宁蒙河段主流摆动游荡，自上游至下游河流坡度愈加缓和，河道愈加宽浅，弯曲河段数量愈加增多。

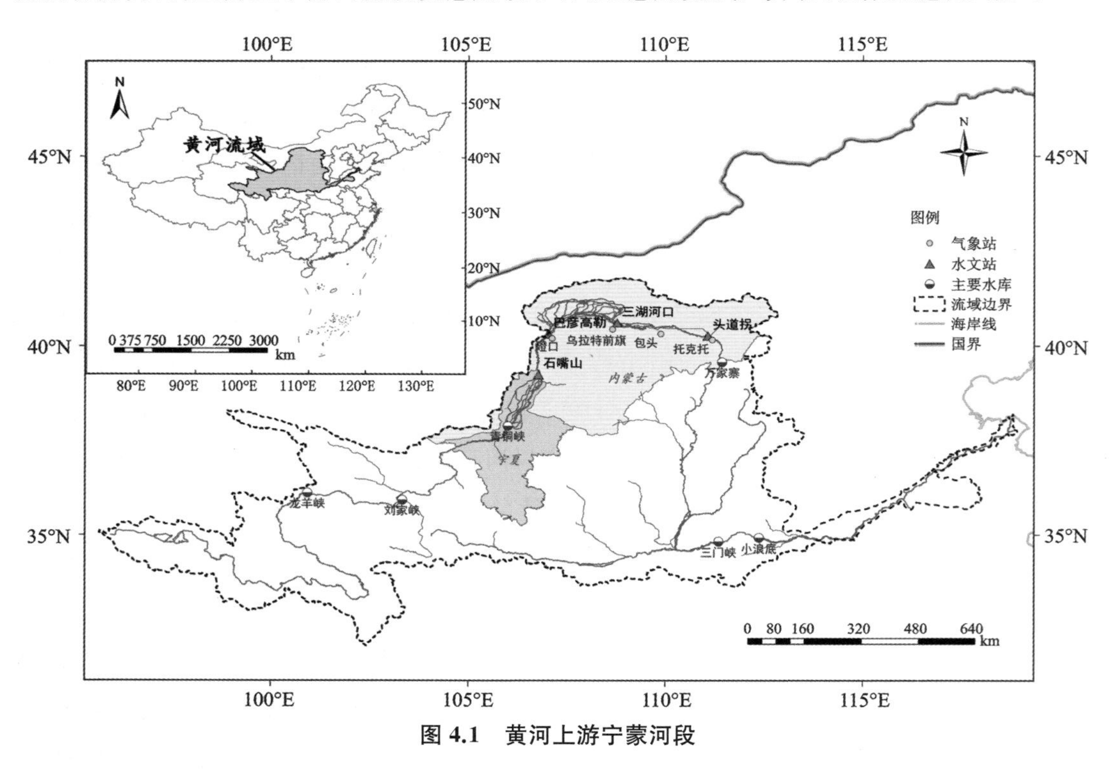

图 4.1　黄河上游宁蒙河段

宁蒙河段位于黄河流域最北端，大陆性气候特征显著，冬季干燥寒冷，常为蒙古高压所控制，每年冬季气温在 0℃以下的时间可持续 4～5 个月（11 月至次年 3 月），最低气温可达 －39℃（1988 年 1 月 1 日头道拐站），由此，该河段凌期长达 4 个月左右。根据凌情发生发展过程，凌期又分为流凌期、封冻期和开河期 3 个阶段，对应 3 个特征指标分别为流凌日期、封河日期和开河日期。其中，流凌日期指河冰开始流动的日期；封河日期指河道断面封冻的日期；开河日期指河道断面冰盖开始移动的日期；河道首次封河至全部开通之间的天数为封冻历时。其他特征指标还包括冰厚、封河长度、槽蓄水量等。宁蒙河段凌期封冻历时一般在100天左右，最长达150天以上；封河长度一般在800km左右，最长达1200km以上；封河冰厚一般为0.7m，最厚在1m以上。

凌汛是冬春季节河道冰凌阻水而引起的一种河流涨水现象。宁蒙河段流向自低纬度至高纬度，热力因素差异造就了该河段流凌封冻由下而上、解冻开河由上而下的特征（姚惠明等，2007）。这一特征导致在封河阶段，下游河段已经封冻时上游河段尚未封冻，而在开河阶段，上游河段已化冻时下游河段仍是封冻状态，上游产生的冰凌不断向下游输移，导致冰凌堆积形成冰塞、冰坝等险情。宁蒙河段冰塞一般发生在河道封冻初期，由于气温降低，冰盖下逐渐积聚碎冰冰花，在水流动力作用下，一部分沿冻结的冰盖向上游延伸封冻，另一部分潜入水下流动，阻塞了过水断面，壅高上游水位，使上下游形成较大水位差；冰坝一般发生在解冻开河时，大量流冰冰块在河道弯曲狭窄处受阻，水流宣泄不畅，冰块上爬下插、大量堆积形成冰坝、冰桥等阻塞河道，严重时会导致上游水位急剧涨高，威胁堤防安全，当疏导不利时将会造成漫滩决堤，造成冰凌灾害（王富强和王雷，2014）。

本研究中使用的数据主要来源于《黄河凌情资料整编》和中国气象科学数据共享服务网。宁蒙河段自上游至下游依次布设有石嘴山、巴彦高勒、三湖河口、头道拐4个主要水文站，磴口、乌拉特前旗、包头、托克托4个气象站，位置如图4.1所示。其中，磴口与巴彦高勒、乌拉特前旗与三湖河口、托克托与头道拐地理距离较近、气候特征相近，因此前者可以作为后者的气温代表站。

4.3 气候变化对凌情影响

4.3.1 统计检验方法

（1）Mann-Kendall 趋势检验法

Mann-Kendall 检验方法详见第3章。在此基础上，数据系列的趋势斜率通常使用Thiel-Sen 方法（Thiel，1992；Sen，1968）估算：

$$\beta = \mathrm{Median}\left(\frac{x_j - x_i}{j - i}\right) \qquad (\forall i < j) \tag{4-1}$$

式中：x_i 和 x_j ——第 i 年和第 j 年的观测值；

β ——趋势斜率，正值表示上升趋势，负值表示下降趋势。

（2）Pettitt 变点检验法

Pettitt 变点检验（Pettitt，1979）是一种非参数、基于秩的统计方法，其统计参数 $U_{t,n}$ 、

$K_{T,n}$ 和显著性水平 p 采用式(4-2)至式(4-4)计算：

$$U_{t,n}=\sum_{i=1}^{t}\sum_{j=t+1}^{n}\mathrm{sgn}(x_i-x_j)=U_{t-1,n}+\sum_{j=1}^{n}\mathrm{sgn}(x_t-x_j) \tag{4-2}$$

$$K_{T,n}=\max_{1\leqslant t<n}|U_{t,n}| \tag{4-3}$$

$$p\simeq 2\exp\left[-\frac{6K_{T,n}^{2}}{(n^3+n^2)}\right] \tag{4-4}$$

式中：x_i 和 x_j ——第 i 年和第 j 年的观测值；

n——序列长度。

对于给定的显著性水平 p，首先计算满足该显著性水平的统计值 $K_{T,n}$ 临界值，进而将所有时刻 t 的 $U_{t,n}$ 与该临界值对比，满足式(4-3)条件的时刻 T 即为变点发生时刻。在上述过程检验到的变点所划分的两个子序列中，分别重复上述过程，不断迭代直到每个子序列中不存在变点为止。

4.3.2 气温演变趋势

1954—2013 年宁蒙河段气象站凌期平均气温如图 4.2 所示。需要说明的是，对凌期(11 月至次年 3 月)逐日气温取平均值作为凌期平均气温，缺失气温数据采用插值法或外延法估算。采用 Mann-Kendall 趋势检验法分析宁蒙河段 4 个气象站的气温序列变化趋势，结果如表 4.1 所示。

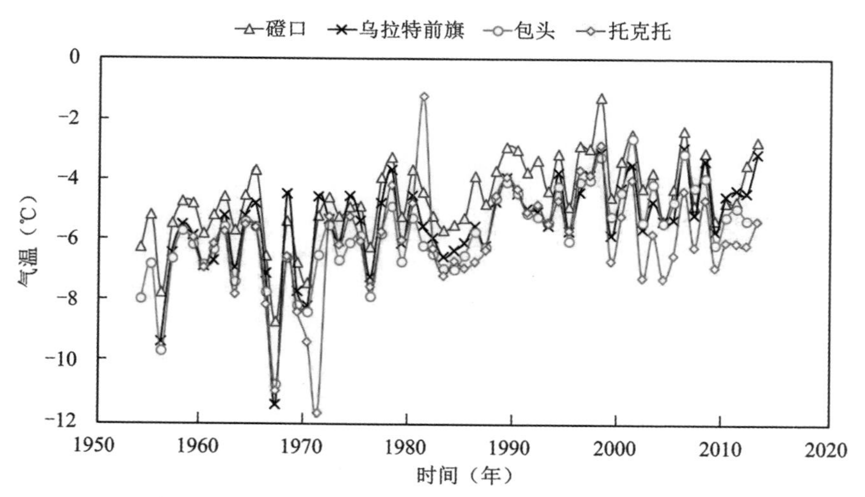

图 4.2 1954—2013 年宁蒙河段气象站凌期平均气温

表 4.1 1954—2013 年宁蒙河段气象站凌期平均气温的 Mann-Kendall 趋势检验结果

气象站	时间序列（年）	凌期多年平均气温(℃)	Mann-Kendall 检验	
			趋势(℃/50 年)	显著性水平 p
磴口	1954—2013	−4.56	2.09	$p<0.001$
乌拉特前旗	1956—2013	−5.37	2.12	$p<0.001$
包头	1954—2012	−4.77	2.62	$p<0.001$
托克托	1959—2013	−5.84	1.96	$0.01<p<0.05$

从表 4.1 可以看出，1954—2013 年 4 个气象站均呈现升温趋势，其中磴口、乌拉特前旗、包头站升温趋势显著，气温增长率分别约为 2.09℃/50 年、2.12℃/50 年、2.62℃/50 年，显著性水平 $p<0.001$；托克托站升温趋势显著性相对偏小，气温增长率约为1.96℃/50 年，显著性水平 $0.01<p<0.05$。宁蒙河段整体凌期平均气温增长率约为2.19℃/50 年。

4.3.3 凌情特征演变趋势

（1）流凌日期、封河日期和开河日期

1954—2013 年宁蒙河段最早流凌日期、最早封河日期、最早开河日期、最晚开河日期如图 4.3 所示。

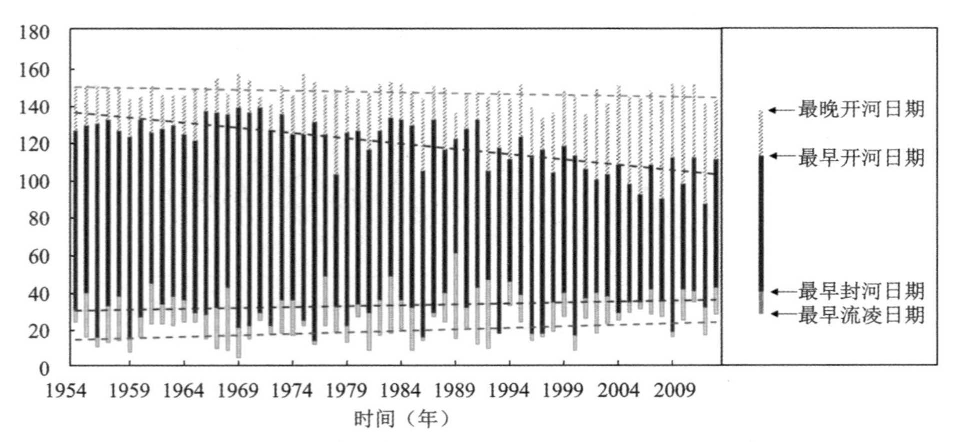

图 4.3 1954—2013 年宁蒙河段最早流凌日期、最早封河日期、最早开河日期和最晚开河日期

图注：纵坐标轴从小到大表示日期从 11 月 1 日（对应纵坐标 1）至次年 3 月 31 日（平年对应纵坐标 151，闰年对应 152）

从图 4.3 可以看出，宁蒙河段呈现流凌日期和封河日期越来越晚、开河日期越来越早、封冻历时越来越短的演变趋势。Mann-Kendall 趋势检验法结果表明，宁蒙河段最早开河日期以26.9 天/50 年的平均速率提前（显著性水平 $p<0.001$），最晚开河日期以 3.8 天/50 年的平均速率推迟（显著性水平 $0.01<p<0.05$），最早流凌日期以 8.1 天/50 年的平均速率推迟（显著性水平 $p<0.01$），最早封河日期以 4.9 天/50 年的平均速率提前（显著性水平 $0.01<p<0.05$）。

1954—2013 年宁蒙河段不同水文断面流凌日期、封河日期和开河日期如图 4.4 所示。

需要说明的是，由于个别断面部分年份有几次封河、开河过程，这里采用的封河日期、开河日期指的是最早一次封河的日期和最晚一次开河的日期。

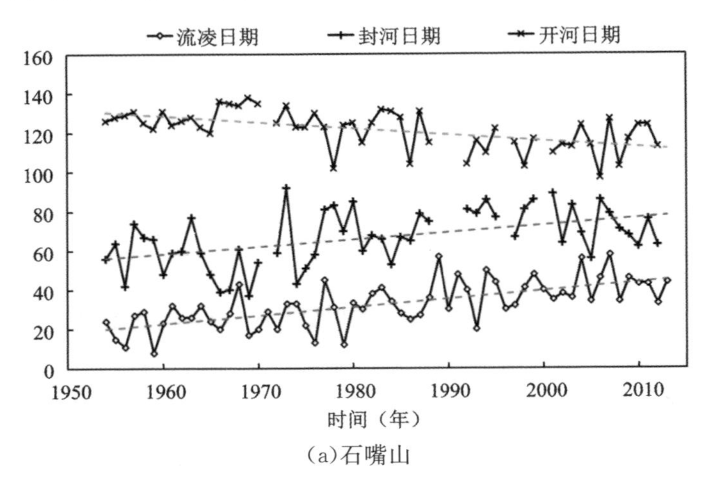

(a)石嘴山

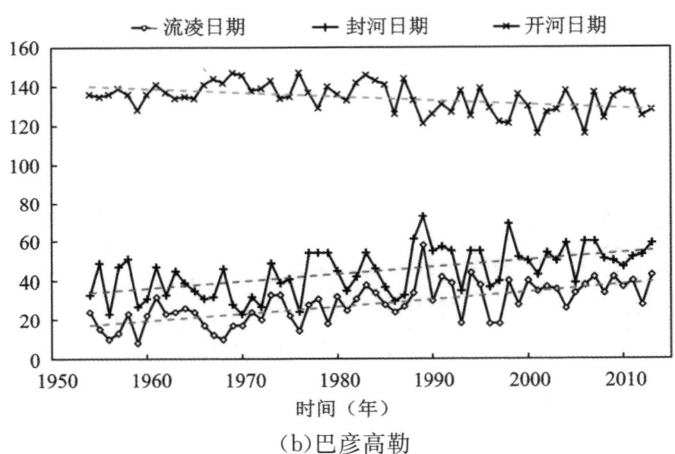

(b)巴彦高勒

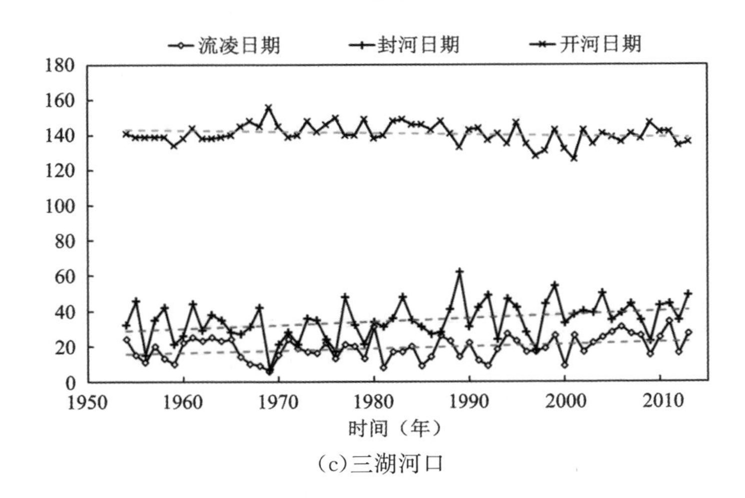

(c)三湖河口

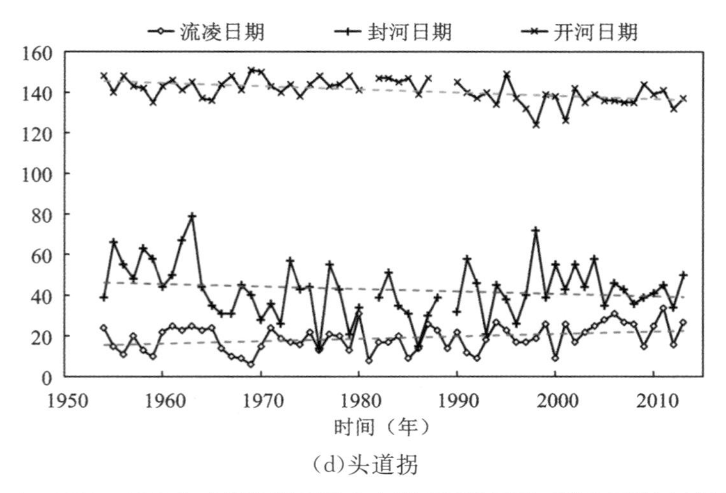

(d)头道拐

图 4.4　1954—2013 年宁蒙河段不同水文断面流凌日期、封河日期和开河日期

从图 4.4 可以看出，石嘴山、巴彦高勒、三湖河口 3 个断面特征日期呈现了与宁蒙河段总体一致的变化趋势，即流凌日期、封河日期推迟，开河日期提前，其中石嘴山断面变化趋势最为显著；头道拐断面流凌日期和开河日期与其他断面变化趋势基本一致，封河日期则略有提前。

(2)冰厚和封河长度

1957—2013 年宁蒙河段水文断面凌期最大冰厚如图 4.5 所示。

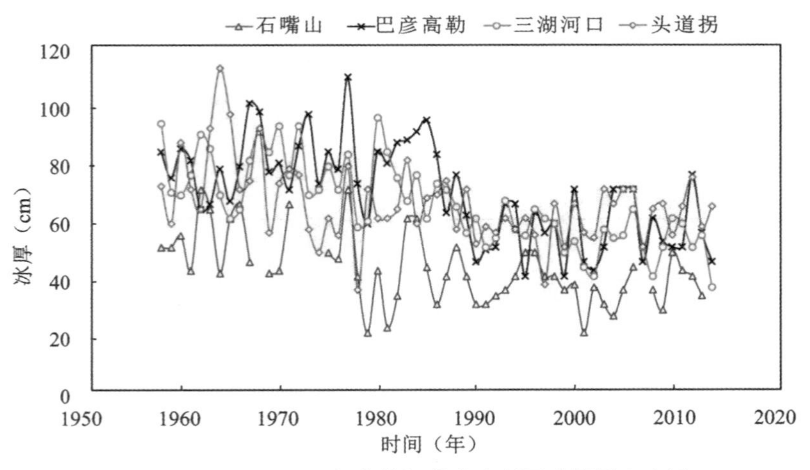

图 4.5　1957—2013 年宁蒙河段水文断面凌期最大冰厚

Mann-Kendall 趋势检验法表明，各断面凌期最大冰厚均呈减小趋势。巴彦高勒和三湖河口一般为稳封段，凌期最大冰厚变化趋势较为显著，分别以 0.60cm/年（显著性水平 $p<0.001$）和 0.67cm/年（显著性水平 $p<0.001$）的平均速率减小；石嘴山和头道拐凌期最大

冰厚分别以 0.29cm/年(显著性水平 $0.01<p<0.05$)和 0.23cm/年(显著性水平 $0.05<p<0.1$)的平均速率减小。

1991—2013 年宁蒙河段凌期封河长度如图 4.6 所示。1991—2013 年宁蒙河段凌期封河长度为 686～940km,平均封河长度 826.5km。

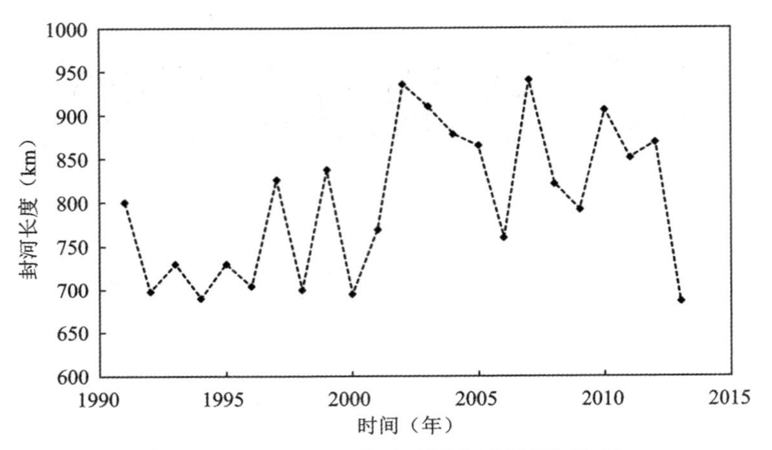

图 4.6　1991—2013 年宁蒙河段凌期封河长度

4.3.4　相关性分析

(1)凌期平均气温与封冻历时相关性

宁蒙河段水文断面凌期平均气温与封冻历时关系如图 4.7 所示。可以看出,各断面凌期平均气温与封冻历时均呈负相关关系。其中,巴彦高勒和三湖河口封冻历时与凌期平均气温相关性较强(相关系数分别为－0.73 和－0.74),石嘴山和头道拐封冻历时与凌期平均气温相关性相对较弱(相关系数分别为－0.49 和－0.39)。

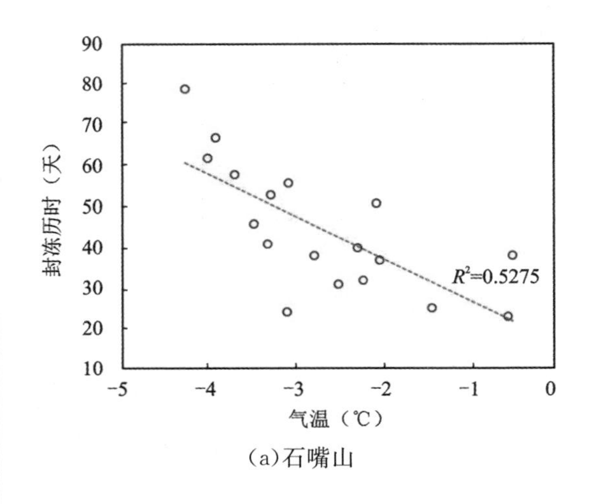

(a)石嘴山

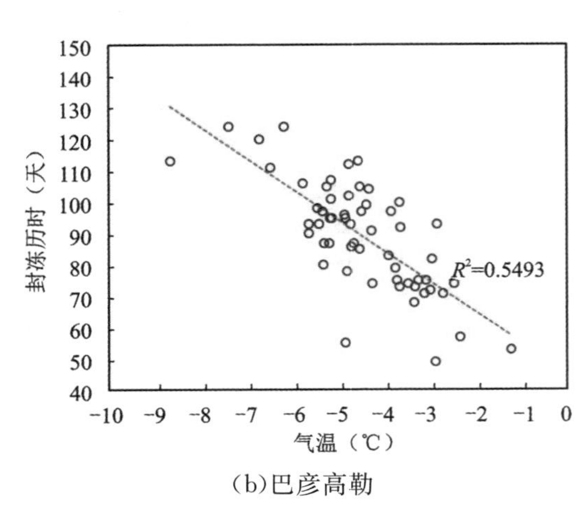

(b)巴彦高勒

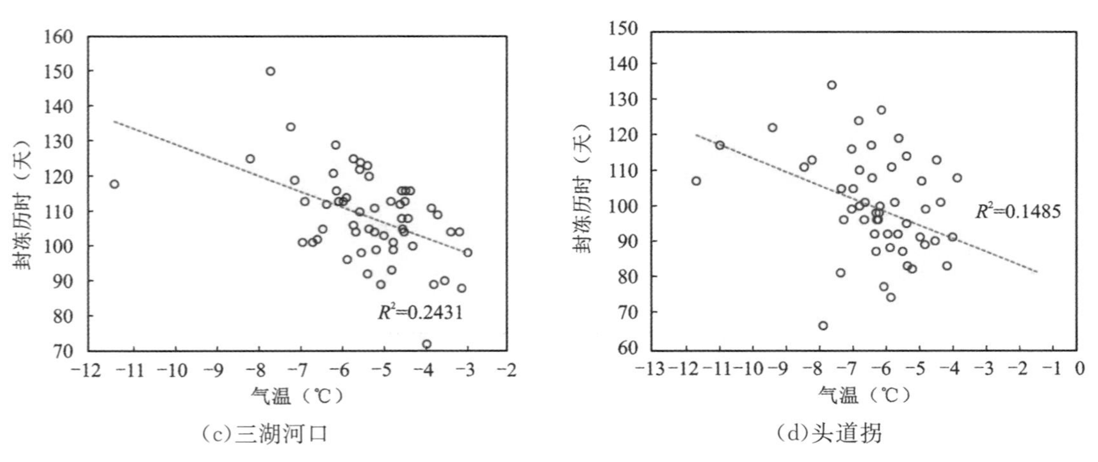

(c)三湖河口　　(d)头道拐

图 4.7　宁蒙河段水文断面凌期平均气温与封冻历时关系

(2)凌期平均气温与最大冰厚相关性

宁蒙河段水文断面凌期平均气温与最大冰厚关系如图 4.8 所示。

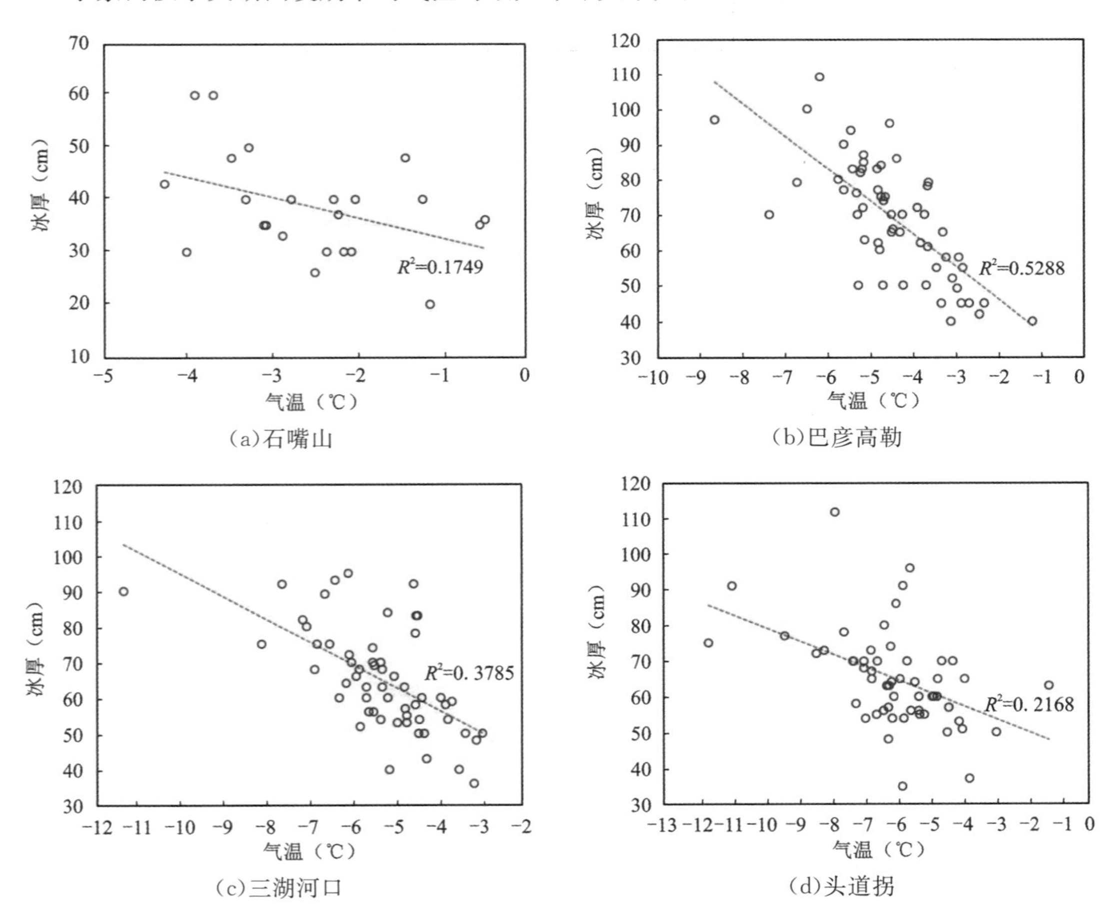

(a)石嘴山　　(b)巴彦高勒

(c)三湖河口　　(d)头道拐

图 4.8　宁蒙河段水文断面凌期平均气温与最大冰厚关系

从图 4.8 可以看出，各断面凌期平均气温与最大冰厚均呈负相关关系，其中巴彦高勒和三湖河口最大冰厚与凌期平均气温相关性较强（相关系数分别为－0.73 和－0.62），石嘴山和头道拐最大冰厚与凌期平均气温相关性相对较弱（相关系数分别为－0.42 和－0.47）。

（3）凌期平均气温与封河长度相关性

宁蒙河段凌期平均气温（取 4 个气象站平均气温值）与封河长度关系如图 4.9 所示。可以看出，宁蒙河段凌期平均气温与封河长度呈负相关关系（相关系数为－0.51）。

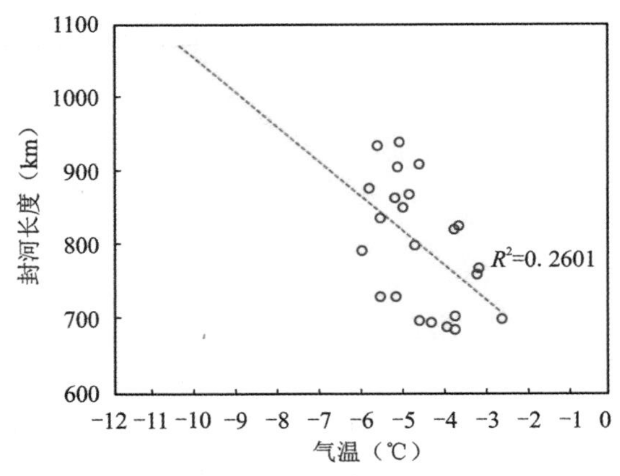

图 4.9　宁蒙河段凌期平均气温与封河长度关系

4.3.5　突变性分析

（1）突变点检验

对宁蒙河段各气象站凌期平均气温以及巴彦高勒和三湖河口凌情特征进行 Pettitt 变点检验，结果如表 4.2 所示。

表 4.2　宁蒙河段气温、冰厚和封冻历时的变点检验结果

序列	水文站/气象站	变点时间(年)	显著性水平 p
气温	磴口	1985	$p<0.001$
	乌拉特前旗	1987	$p<0.001$
	包头	1987	$p<0.001$
	托克托	1987	$0.01<p<0.05$
冰厚	巴彦高勒	1985	$p<0.001$
	三湖河口	1987	$p<0.001$
封冻历时	巴彦高勒	1987	$p<0.001$
	三湖河口	1987	$0.01<p<0.05$

从表 4.2 可以看出，巴彦高勒、三湖河口最大冰厚和封冻历时序列的变点均发生在 20 世纪 80 年代中期（1985—1987 年），与各站气温序列变点发生时刻基本吻合，表明气温突变性

变化可能是凌情特征发生突变性变化的影响因素之一。

(2)突变前后凌期气温分布特征

磴口、包头凌期日平均气温(分变点前后两个序列),如图 4.10 所示。

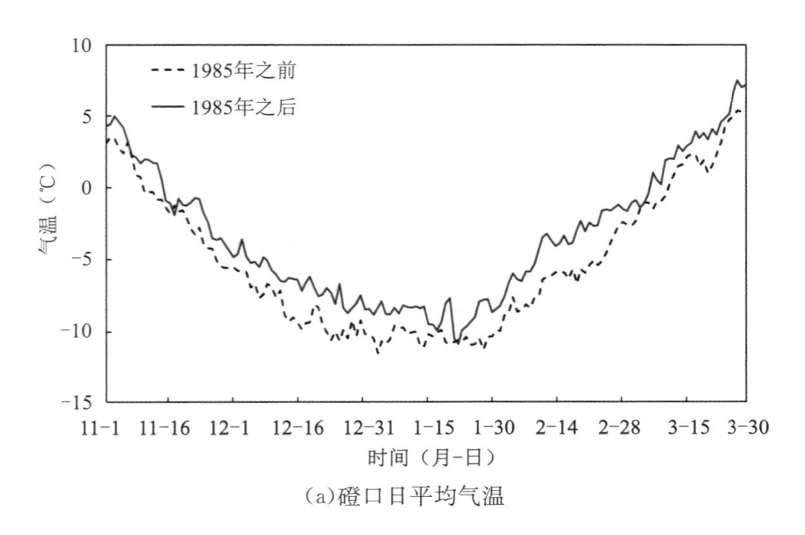

(a)磴口日平均气温

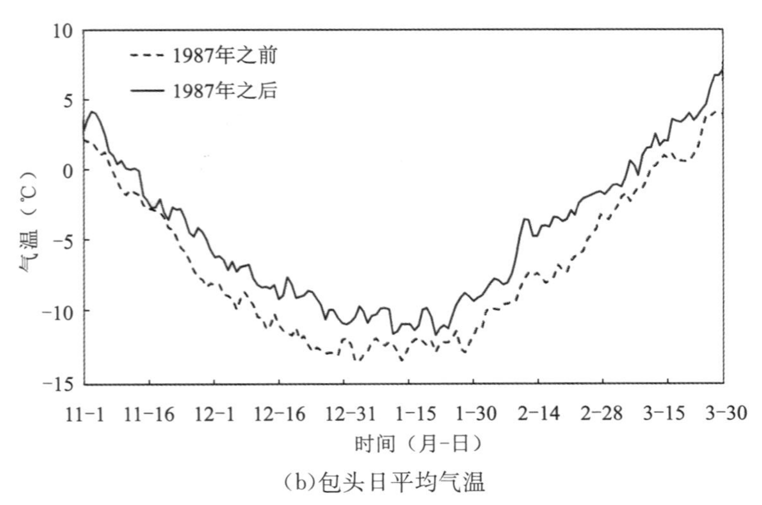

(b)包头日平均气温

图 4.10 磴口、包头日平均气温及气温变差系数

从图 4.10 可以看出,两站变点之后序列的逐日平均气温整体高于变点之前序列,且变点之后序列气温转负日期较变点之前序列延后、气温转正日期则较变点之前序列提前。

(3)突变前后气温与凌情特征相关性

巴彦高勒、三湖河口凌期平均气温序列突变前后的气温与最大冰厚相关性对比如图 4.11所示。可以看出,突变前后气温与最大冰厚均呈负相关关系。线性相关分析表明,突变后气温升高造成最大冰厚减少的幅度要明显高于突变前。

巴彦高勒、三湖河口凌期平均气温序列突变前后的气温与封冻历时相关性对比如图 4.12所示。

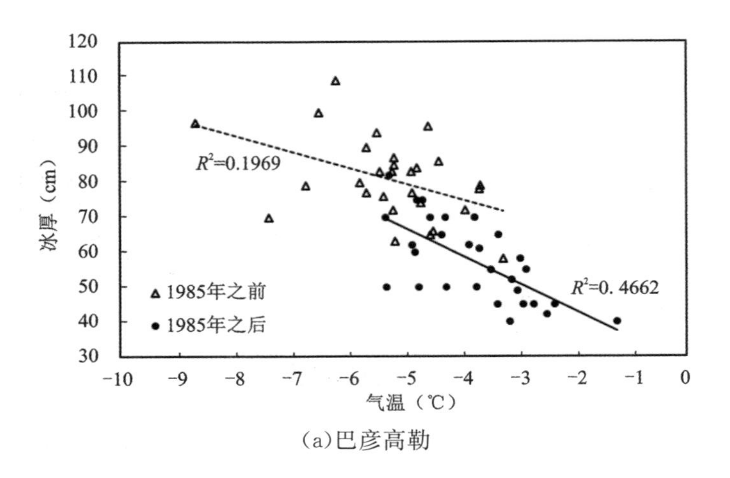

(a)巴彦高勒

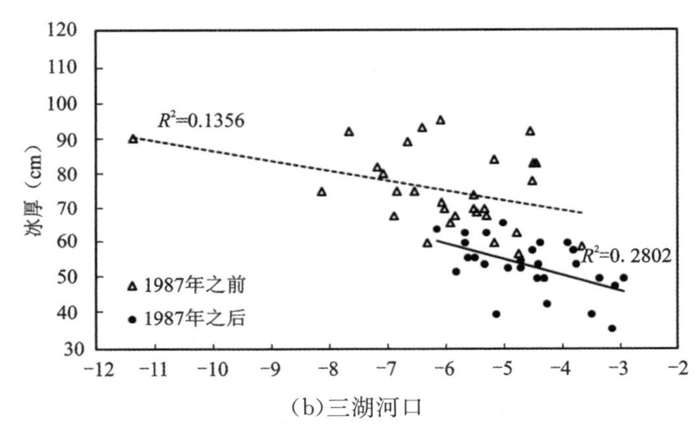

(b)三湖河口

图 4.11　巴彦高勒和三湖河口凌期平均气温序列突变前后的气温与最大冰厚相关性对比

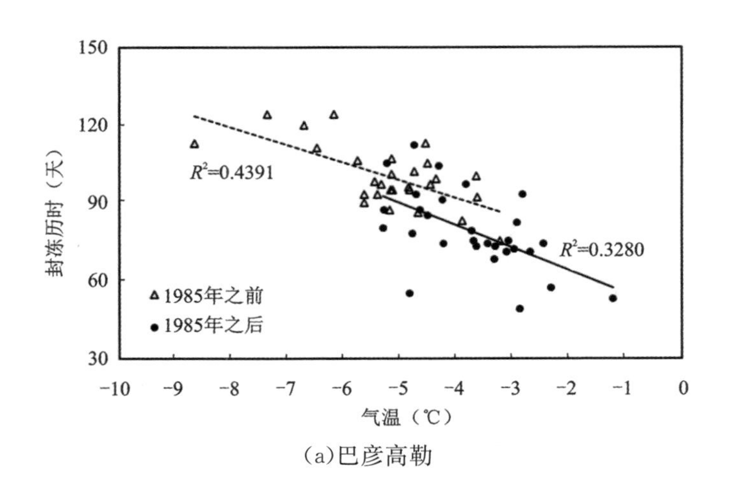

(a)巴彦高勒

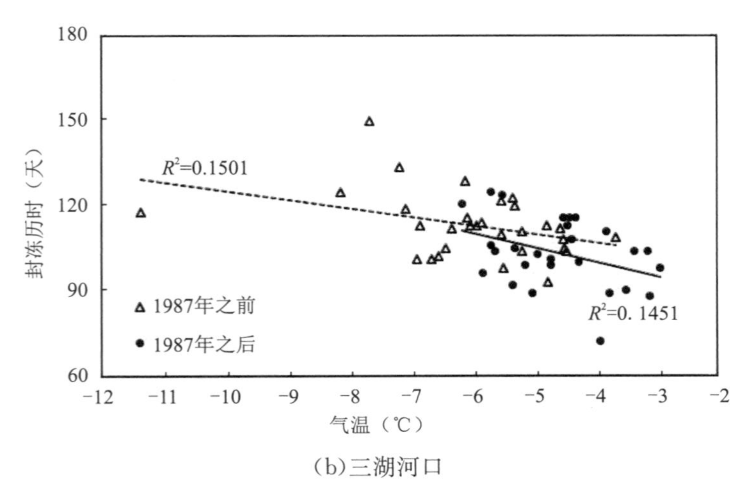

(b)三湖河口

图 4.12 巴彦高勒和三湖河口凌期平均气温序列突变前后的气温与封冻历时相关性对比

从图 4.12 可以看出，突变前后气温与封冻历时均呈负相关关系。线性相关分析表明，突变后气温升高造成封冻历时减少的幅度要明显高于突变前。

4.4 水库运行对凌情影响

本节主要讨论黄河上游梯级水库运行对宁蒙河段凌情的影响。鉴于刘家峡水库和龙羊峡水库分别于 1968 年 10 月和 1986 年 10 月下闸蓄水、次年发电运用，按照无水库调节(1968 年之前)、刘家峡水库单独运用(1969—1986 年)和龙羊峡、刘家峡两库联合运用(1987 年之后)划分 3 个时段开展分期对比研究，识别水库运行对凌情的影响。

4.4.1 水流动力因素影响

无水库调节、刘家峡水库单独运用和龙羊峡、刘家峡两库联合运用 3 个时段宁蒙河段水文断面凌期月平均流量统计如图 4.13 所示。可以看出，刘家峡水库单独运用和龙羊峡、刘家峡两库联合运用后，石嘴山、巴彦高勒、三湖河口和头道拐 11 月平均流量较无水库调节时均呈减小态势，12 月至次年 3 月各月平均流量较无水库调节时均呈增大态势。据凌期 5 个月总水量统计，刘家峡水库单独运行时，4 个断面水量分别较无水库调节时增大了 24.0%、22.6%、30.5%和 24.7%；龙羊峡、刘家峡两库联合运用以来，4 个断面水量分别较无水库调节时增大了 20.4%、19.2%、21.1%和 15.6%，增幅小于刘家峡水库单独运用时。凌期 4 个断面的月平均最大流量（11 月）与最小流量（1 月）倍比关系由无水库调节前的 2.55∶1～2.67∶1缩小至刘家峡水库单独运用后的 1.23∶1～1.40∶1，再至龙羊峡、刘家峡两库联合运用后的 1.17∶1～1.20∶1，凌期流量变幅大幅度减小。

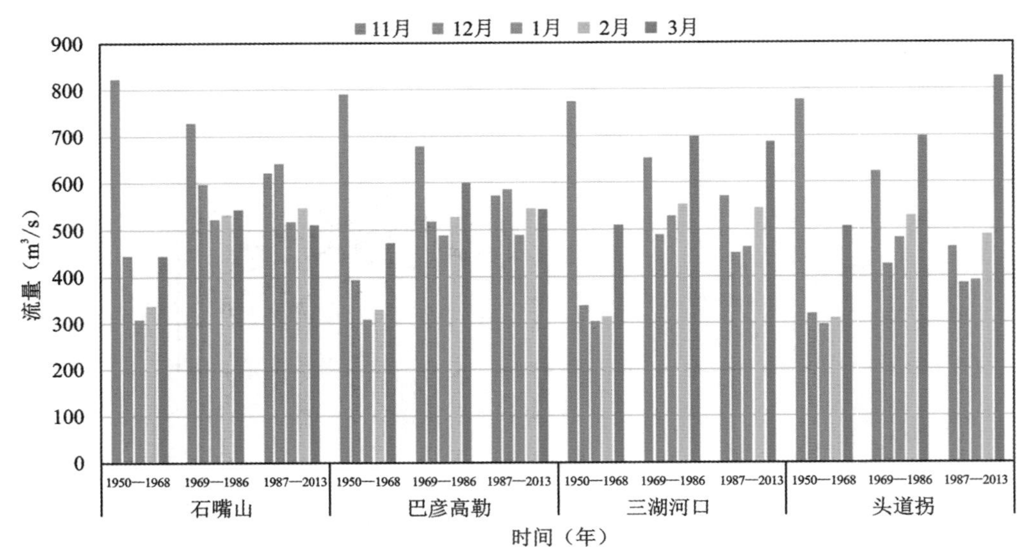

图 4.13　3 个时段宁蒙河段水文断面凌期月平均流量统计

4.4.2　热力因素影响

无水库调节、刘家峡单独运用和龙羊峡、刘家峡两库联合运用 3 个时段宁蒙河段水文断面凌期月平均水温统计如表 4.3 所示。

表 4.3　　3 个时段宁蒙河段水文断面凌期月平均水温统计　　（单位:℃）

月份	序列(年)	石嘴山	巴彦高勒	三湖河口	头道拐
11	1953—1968	3.3	2.6	2.2	1.9
	1969—1986	4.0	3.5	2.3	1.9
	1987—2005	4.8	4.3	2.6	2.0
12	1953—1968	0.2	0.1	0.2	0.1
	1969—1986	0.2	0.1	0	0
	1987—2005	0.7	0.5	0	0
1	1953—1968	0	0	0	0
	1969—1986	0	0	0	0
	1987—2005	0	0	0	0
2	1953—1968	0	0	0	0
	1969—1986	0	0	0	0
	1987—2005	0.1	0	0	0
3	1953—1968	2.5	1.5	0.1	0.4
	1969—1986	3.1	2.0	0.5	0.3
	1987—2005	3.4	2.3	1.1	0.6

从表4.3可以看出，刘家峡水库单独运用时，水电站发电泄流的热力影响使巴彦高勒以上河段11月和3月的水温较无水库调节时升高了0.5～0.9℃，12月至次年2月，该河段水温没有明显变化；三湖河口断面3月水温升高了0.4℃，头道拐断面水温则无明显变化；龙羊峡、刘家峡两库联合运用后，水电站发电泄流的热力影响使三湖河口以上河段水温均有明显变化，与无水库调节时相比，11月和3月的水温升高了0.4～1.7℃，头道拐断面水温升高了0.2℃，12月至次年2月由于外界气温降低，这种热力影响的河段长度有所减小，仅巴彦高勒以上河段12月水温升高了0.4～0.5℃，石嘴山断面2月水温升高了约0.1℃，其他断面水温均处于冰点；从断面水温变化趋势来看，宁蒙河段沿程水温增幅呈递减态势。

4.4.3 凌情特征变化分析

(1)流凌日期、封河日期、开河日期及封冻历时

无水库调节、刘家峡水库单独运用和龙羊峡、刘家峡两库联合运用3个时段宁蒙河段水文断面平均流凌日期、封河日期和开河日期统计如表4.4所示。

表4.4 3个时段宁蒙河段水文断面特征日期统计

特征日期	序列	石嘴山	巴彦高勒	三湖河口	头道拐
流凌日期	1954—1968	11月24日	11月18日	11月17日	11月17日
	1969—1986	11月28日	11月26日	11月16日	11月16日
	1987—2013	12月10日	12月5日	11月21日	11月21日
封河日期	1954—1968	12月27日	12月7日	12月2日	12月20日
	1969—1986	1月3日	12月9日	11月29日	12月6日
	1987—2013	1月14日	12月22日	12月9日	12月12日
开河日期	1954—1968	3月7日	3月16日	3月20日	3月22日
	1969—1986	3月4日	3月19日	3月24日	3月24日
	1987—2013	2月22日	3月9日	3月18日	3月17日

从表4.4可以看出，无水库调节时，内蒙古全河段一般在11月中旬末开始流凌，12月2—20日前后封河，宁夏石嘴山断面一般在11月24日前后开始流凌，12月27日开始封河；刘家峡水库单独运用后，与无水库调节时比较，石嘴山断面流凌日期推迟了4天，封河日期推迟了7天，开河日期提前了3天，巴彦高勒断面流凌日期推迟了8天，三湖河口断面封河日期提前了4天，开河日期推迟了4天，头道拐断面封河日期提前了14天，其余日期变化在0～3天；龙羊峡、刘家峡两库联合运用后，流凌及封河初期水库均匀调节下泄流量，在水力和热力作用的共同影响下，与无水库调节时比较，石嘴山、巴彦高勒、三湖河口断面流凌日期分别推迟了17天、18天、5天，封河日期推迟了18天、15天、7天，开河日期提前了13天、7天、2天，头道拐断面流凌日期推迟了4天，封河日期提前了8天(受断面下游万家寨水库蓄水影响)，开河日期提前了5天。

无水库调节时，宁蒙河段基本为全封，石嘴山、巴彦高勒、三湖河口、头道拐断面平均封冻历时分别为 70 天、99 天、108 天和 92 天；刘家峡水库单独运行时，石嘴山断面封冻历时缩短了 10 天，头道拐断面封冻历时延长了 16 天，其他两站封冻历时变化不大；龙羊峡、刘家峡两库联合运用后，青铜峡库区以上河段多数年份不封河，库区段不稳定封河，石嘴山、巴彦高勒、三湖河口断面较无水库时的封冻天数分别缩短了 31 天、22 天和 9 天。

(2)最大冰厚

无水库调节、刘家峡单独运用和龙羊峡、刘家峡两库联合运用 3 个时段宁蒙河段水文断面凌期平均最大冰厚统计如表 4.5 所示。

表 4.5　　3 个时段宁蒙河段水文断面凌期平均最大冰厚统计

(单位：cm)

站　名	1957—1968 年	1969—1986 年	1987—2013 年
石嘴山	53	44	37
巴彦高勒	79	81	56
三湖河口	77	74	54
头道拐	78	64	60

从表 4.5 可以看出，无水库调节时，石嘴山平均最大冰厚为 53cm，其他 3 个断面的平均最大冰厚为 77～79cm；刘家峡水库单独运用时，位于内蒙古河段两端的石嘴山、头道拐断面平均最大冰厚分别较无水库调节时减小了 9cm、14cm，巴彦高勒、三湖河口断面平均最大冰厚变化不明显；龙羊峡、刘家峡两库联合运用后，石嘴山断面平均最大冰厚继续减小至 37cm，较无水库调节时减小了 16cm，较刘家峡水库单独运用时减小了 7cm，巴彦高勒、三湖河口断面平均最大冰厚较刘家峡水库单独运用时减小 20cm 以上，头道拐断面平均最大冰厚较刘家峡水库单独运用时变化不明显。

(3)槽蓄水量

龙羊峡、刘家峡两库联合运用以来，宁蒙河段凌期(11 月至次年 3 月)径流量增大了 20%～30%。以巴彦高勒、三湖河口为例，无水库调节时两断面凌期平均径流量分别为 59.9 亿 m^3、58.4 亿 m^3；龙羊峡、刘家峡两库联合运用后，凌期平均径流量分别为73.4 亿 m^3、76.3 亿 m^3。在宁蒙河段径流增大的情况下，宁蒙河段槽蓄水量明显增大。无水库调节时，宁蒙河段年最大槽蓄水增量平均为8.6 亿 m^3；刘家峡水库单独运用后，年最大槽蓄水增量平均为 9.9 亿 m^3，较无水库调节时增大了 15.1%；龙羊峡、刘家峡两库联合运用后，年最大槽蓄水增量平均为 14.4 亿 m^3，较无水库调节时增大了 67.4%。

(4)“文开河”次数

无水库调节时，由于无法调节河道流量，宁蒙河段开河期为一种自然无控状态，以“武开河”(动力开河)居多。据统计，1950—1968 年仅有 6 年发生了“文开河”(热力开河)，其他年份均为“武开河”，由此引发的凌汛灾害非常严重。自从刘家峡水库特别是龙羊峡、刘家峡两库联合运用以来，为减少开河期凌汛灾害，水库调度部门提前对水库实施控泄，进入宁蒙河段流量减小，减弱了开河阶段的不利水力影响，使得河段开河形势多数以“文开河”为主，1969—2010 年有 70%以上年份发生了“文开河”，开河期凌水缓慢释放，凌峰流量小，冰塞、冰坝等灾害明显减少(刘晓岩和司源，2012)。

4.5 本章小结

冰凌灾害威胁着黄河上游宁蒙河段沿河人民的生命和财产安全。为识别冰凌发展特征并为水库防凌调度提供支撑，本章开展了气候变化和人类活动对黄河宁蒙河段凌情影响研究。取得的主要结论如下：

1)经趋势性检验发现，宁蒙河段的气温以 2.19℃/50 年的平均速率升高；宁蒙河段最早流凌日期以 8.1 天/50 年的平均速率推迟，最早封河日期以 4.9 天/50 年的平均速率推迟，最早开河日期以 26.9 天/50 年的平均速率提前，导致封冻历时以 7.1 天/50 年的平均速率缩短；主要封冻河段的最大冰厚以 0.6cm/年左右的平均速率变薄。经相关性分析发现，凌情特征与气温相关性比较显著。经突变性检验发现，气温序列与凌期特征指标序列的突变点均发生在 20 世纪 80 年代中期。

2)黄河上游梯级水库运行改变了河道水力、热力、河道形态等条件，对宁蒙河段凌情也产生了重要影响。通过对比无水库调节、刘家峡水库单独运用和龙羊峡、刘家峡两库联合运用 3 个时段的凌情特征发现，水库运行造成宁蒙河段流凌日期、封河日期推迟，开河日期提前，封冻历时缩短，冰厚变薄，槽蓄水量增大，“文开河”次数增多。

需要说明的是，本章从气候变化和人类活动两个方面分别探讨了黄河宁蒙河段凌情影响，然而实际上凌情特征变化是两者综合作用的结果。宁蒙河段气温序列与凌情特征指标序列的突变点均发生在 20 世纪 80 年代中期，而龙羊峡水库也正在此时投入运行，因此目前工作尚无法剥离两者对凌情特征变化造成的影响。未来可尝试采用冰水力学模型模拟的方法，进一步识别和量化气候变化和人类活动对凌情影响的贡献率，这将为开展气候变化条件下的黄河上游梯级水库防凌调度提供科学依据。

第5章 青海电网黄河水电发电经济性与稳定性权衡

5.1 引言

我国大江大河水电大多为梯级开发形式，随着大批水电站相继建成投入运行，水电发展已由建设期过渡到运行管理期。为顺应“节能发电”的时代需求、响应国家水电发展“十三五”规划（国家能源局，2016）的号召，各大流域水电公司纷纷成立梯级调度中心，探索梯级电站统一、协调的调度模式，挖掘联合调度潜力（郭生练等，2010；Cheng et al.，2012）。

黄河上游水电基地是我国十三大水电基地之一。黄河上游梯级是西北电网的主要电源电站，同时承担着供水、防洪、防凌、生态等综合利用任务。至20世纪末，黄河上游梯级中具有较强调节能力的刘家峡、龙羊峡等水库先后投入运行，对黄河全流域水量调度产生深远影响。进入21世纪以来，拉西瓦、公伯峡、积石峡等拥有百万千瓦级以上装机容量的水电站相继发电并网，其他中小型水电站也纷纷投产运行，黄河上游河段所蕴藏的水能潜力得到进一步开发。然而，由于黄河上游梯级各水电站管理权限归属不同部门和单位，统一调度还存在一定难度，发电效益尚未得到充分发挥（乔秋文，2007）。

黄河干流具有主要调节能力和装机容量较大的水电站大多分布于青海省境内，刘家峡以下水电站的装机容量所占比重不大。尽管青海水电资源丰富，但随着省内用电负荷高速增长，电网电力平衡状况却并不乐观，呈现出电力富裕而电量短缺的形势，每年用电高峰期仍需要从外省购电以缓解供需紧张之势（国网能源研究院，2017）。因此，全面评估在现状来流条件下黄河上游梯级联合调度的发电潜能，探索区域内供用电“自给自足”的可能性，具有一定的现实意义。另一方面，水电具有启停灵活等优势，可在电网中作为调峰、调频、事故备用等电源，因此黄河上游梯级的运行调度对于维持区域电网稳定具有重要作用。近年来，青海电网新能源装机容量不断攀升，黄河上游梯级在依照“以水定电”原则运行的同时，也有必要考虑对现行水电保证出力方案进行优化以最大限度补偿调节新能源上网，这就涉及水电系统发电效益与区域电网安全运行之间的权衡问题。综上，有必要开展黄河上游梯级发电经济性与稳定性权衡关系研究，为水电系统的调度管理以及青海省网制订发电和购电计划、合理安排生产等提供重要的技术支持。

本章的研究范围为黄河上游梯级班多—刘家峡13座水电站，其中班多—大河家12座水电站发电均接入青海电网，刘家峡水电站发电尽管不接入青海电网，但作为控制黄河上游兰州断面（黄河流域水量调度的重要控制断面）流量的主要调节水库也考虑在内。本章主要结构如下：5.2节构建了基于多目标规划的黄河上游梯级水电站优化调度模型，考虑了水电系统发电量最大化和最小出力最大化两个目标，并采用 ε 约束法将双目标问题转化为单目标问题；5.3节通过收集和整理主要水库调度规则、黄河流域水量综合利用要求、历史水文数据等，设置了模型输入条件、寻优可行域以及计算参数等；5.4节对历史调度过程进行模拟，验证了模型的模拟可靠性；5.5节开展优化计算，比较了优化软件LINGO和GAMS内置算法的求解性能，得到了多目标非劣解集，并开展了典型年以及不同情景下的结果分析。

5.2 数学建模

5.2.1 目标函数

梯级水库中长期发电调度通常考虑发电量最大化和最小出力最大化两个目标（覃晖等，2010；Guo et al.，2011；Li and Qiu，2015）。发电量最大化目标主要体现电站的能量效益，在不考虑分时电价的情况下可以等同于经济效益，用以衡量电站运行的经济性。最小出力最大化目标则主要体现电站的容量效益，表示枯水期调峰能力，当涉及保证率概念时相当于保证出力，用以衡量供电稳定性和可靠性。两个目标的表达式为：

$$F_1 = \max \sum_{t=1}^{T} \sum_{i=1}^{n} E_i(t) \tag{5-1}$$

$$F_2 = \max \left\{ \min \sum_{i=1}^{n} N_i(t) \right\} \tag{5-2}$$

其中

$$E_i(t) = N_i(t) \cdot \Delta t = K_i(t) \cdot R'_i(t) \cdot H_i(t) \cdot \Delta t \quad (\forall i, \forall t) \tag{5-3}$$

$$R_i(t) = R'_i(t) + R''_i(t) \quad (\forall i, \forall t) \tag{5-4}$$

$$H_i(t) = HF_i(t) - HT_i(t) - HL_i(t) \quad (\forall i, \forall t) \tag{5-5}$$

$$HF_i(t) = a_{0,i} + a_{1,i} \cdot \bar{S}_i(t) + a_{2,i} \cdot \bar{S}_i^2(t) \quad (\forall i, \forall t) \tag{5-6}$$

$$\bar{S}_i(t) = [S_i(t) + S_i(t+1)]/2 \quad (\forall i, \forall t) \tag{5-7}$$

$$HL_i(t) = b_{0,i} + b_{1,i} \cdot R_i(t) + b_{2,i} \cdot R_i^2(t) \quad (\forall i, \forall t) \tag{5-8}$$

式中：t ——时段索引，$t \in [1, T]$；

i ——水库索引，$i \in [1, n]$；

$E_i(t)$ ——水库 i 的电站在时段 t 的发电量；

$N_i(t)$ ——水库 i 的电站在时段 t 的出力；

$K_i(t)$ ——水库 i 的电站在时段 t 的出力系数；

Δt ——时段长；

$R'_i(t)$ ——水库 i 的电站在时段 t 的发电流量；

$R''_i(t)$ ——水库 i 的电站在时段 t 的非发电流量；

$R_i(t)$ ——水库 i 在时段 t 的下泄流量；

$H_i(t)$ ——水库 i 的电站在时段 t 的平均水头；

$HF_i(t)$ ——水库 i 的电站在时段 t 的坝前平均水位；

$HT_i(t)$ ——水库 i 的电站在时段 t 的坝后平均水位；

$HL_i(t)$ ——水库 i 的电站在时段 t 的平均水头损失；

$\bar{S}_i(t)$ ——水库 i 在时段 t 的平均库容；

$S_i(t)$ ——水库 i 在时段 t 初的库容；

$S_i(t+1)$——水库 i 在时段 t 末的库容；

$a_{0,i}$ 、$a_{1,i}$ 、$a_{2,i}$ ——采用二次多项式拟合的水库 i 的坝前水位—库容关系曲线的各项系数；

$b_{0,i}$ 、$b_{1,i}$ 、$b_{2,i}$ ——采用二次多项式拟合的水库 i 的坝后水位—下泄流量关系曲线的各项系数。

5.2.2 约束条件

约束条件主要包括：

(1)水量平衡方程

$$S_i(t+1)=S_i(t)+I_i(t)\cdot\Delta t-R_i(t)\cdot\Delta t-EV_i(t) \qquad (\forall i,\forall t) \qquad (5\text{-}9)$$

式中：$I_i(t)$—— 水库 i 在时段 t 的入库流量；

$R_i(t)$—— 水库 i 在时段 t 的下泄流量；

$EV_i(t)$——水库 i 在时段 t 的蒸发损失。

(2)库容约束

$$S_i^{\min}(t+1)\leqslant S(t+1)\leqslant S_i^{\max}(t+1) \qquad (\forall i,\forall t) \qquad (5\text{-}10)$$

式中：$S_i^{\max}(t+1)$—— 水库 i 在时段 t 末的最大库容；

$S_i^{\min}(t+1)$—— 水库 i 在时段 t 末的最小库容。

(3)下泄流量约束

$$R_i^{\min}(t)\leqslant R_i(t)\leqslant R_i^{\max}(t) \qquad (\forall i,\forall t) \qquad (5\text{-}11)$$

式中：$R_i^{\max}(t)$—— 水库 i 在时段 t 的最大下泄流量；

$R_i^{\min}(t)$—— 水库 i 在时段 t 的最小下泄流量。

（4）发电流量约束

$$R_i'^{\min}(t) \leqslant R_i'(t) \leqslant R_i'^{\max}(t) \qquad (\forall i, \forall t) \tag{5-12}$$

式中：$R_i'^{\max}(t)$—— 水库 i 的电站在时段 t 的最大发电流量；

$R_i'^{\min}(t)$—— 水库 i 的电站在时段 t 的最小发电流量。

（5）出力约束

$$N_i^{\min}(t) \leqslant N(t) \leqslant N_i^{\max}(t) \qquad (\forall i, \forall t) \tag{5-13}$$

式中：$N_i^{\max}(t)$—— 水库 i 的电站在时段 t 的最大出力；

$N_i^{\min}(t)$—— 水库 i 的电站在时段 t 的最小出力。

（6）初始和终止库容约束

$$S_i(1) = S_i^{initial} \qquad (\forall i) \tag{5-14}$$

$$S_i(T+1) = S_i^{end} \qquad (\forall i) \tag{5-15}$$

式中：$S_i^{initial}$——水库 i 在调度期初的库容；

S_i^{end}——水库 i 在调度期末的期望库容。

5.2.3 等效转化

典型双目标最大化问题的数学模型可表示为：

$$\max \boldsymbol{F}(\boldsymbol{x}) = [F_1(\boldsymbol{x}), F_2(\boldsymbol{x})] \tag{5-16}$$

$$x_l \geqslant 0 \qquad (\forall l) \tag{5-17}$$

$$g_k(\boldsymbol{x}) \leqslant 0 \qquad (\forall k) \tag{5-18}$$

式中：$\boldsymbol{F}(\boldsymbol{x})$——目标向量，包括 $F_1(\boldsymbol{x})$ 和 $F_2(\boldsymbol{x})$；

x_l——决策变量，$l \in [1, L]$；

$g_k(\boldsymbol{x})$——约束条件，$k \in [1, K]$。

为求解双目标问题，可采用 ε 约束法将其一目标作为优化目标，而把另一目标处理作为约束条件，这样便可采用单目标优化算法进行求解。因此，式(5-16)至式(5-18)可以等效变换为：

$$\max F_1(\boldsymbol{x}) \tag{5-19}$$

$$F_2(\boldsymbol{x}) \geqslant F_2^{\min} + \sigma \cdot \Delta \tag{5-20}$$

$$x_l \geqslant 0 \qquad (\forall l) \tag{5-21}$$

$$g_k(\boldsymbol{x}) \leqslant 0 \qquad (\forall k) \tag{5-22}$$

式中：$F_2^{\min}$——目标 $F_2(\boldsymbol{x})$ 的最小值；

Δ——目标 $F_2(\boldsymbol{x})$ 的增量；

σ——整数常数，$\sigma=0,1,2,\cdots$ 。

通过依次改变 σ 取值并求解单目标优化问题，可以得到双目标问题的帕累托非劣解集。因此，式(5-1)、式(5-2)可以等效变换为：

$$\max\left\{\sum_{t=1}^{T}\sum_{i=1}^{n}E_i(t)-\zeta\cdot\sum_{t=1}^{T}\beta(t)\right\} \tag{5-23}$$

$$\sum_{i=1}^{n}N_i(t)+\beta(t)\geqslant N^{\min}+\sigma\cdot\Delta N \qquad (\forall t) \tag{5-24}$$

式中：$\zeta\cdot\sum_{t=1}^{T}\beta(t)$——当约束不满足时的惩罚项；

ζ——惩罚系数；

ΔN——出力增量。

5.3 计算设置

水库优化调度问题的约束条件主要包括两类：一是水库电站的特征参数，二是水库运行中需要满足的外部约束。水库电站的特征参数包括水库正常蓄水位、死水位、汛限水位等特征水位，坝前水位—库容关系曲线、坝后水位—下泄流量关系曲线，以及装机容量、机组过流能力等。黄河上游梯级水电站特征参数详见第 2 章。以下重点介绍水库运行中需要满足的外部约束。

5.3.1 水位控制条件

2000—2010 年龙羊峡、刘家峡水库坝前水位过程如图 5.1 所示。

龙羊峡水库在一年内经历一次蓄放过程。每年 7 月初(夏汛来临前)坝前水位需要降至汛限水位 2594m 以下(实际运行初期汛限水位为 2588m)，9 月中旬(夏汛期末)以后允许逐渐蓄水，至 10 月下旬水位最高可至正常蓄水位 2600m。

刘家峡水库在一年内经历两次蓄放过程。一次是为了防御夏汛洪水，每年 7 月初坝前水位需要降至汛限水位 1726m 以下，9 月中旬以后允许逐渐蓄水，至 10 月下旬水位最高可至正常蓄水位 1735m。另一次是为了防御冬汛冰凌，需在 11 月底前提前泄水，预留充分的防凌库容(10 亿～15 亿 m^3)以承接因刘家峡水库出库流量受兰州防凌安全限制同时为满足电网用电高峰时期需求而由龙羊峡水库增加下泄的水量。

龙羊峡、刘家峡水库坝前水位的下限均取死水位。需要说明的是，由于水库淤积，近年来刘家峡水库死水位已升至 1717m，本章作为历史回顾评价仍取设计死水位 1694m 进行计算。

根据上述调度规程和历史实际运行情况，设置龙羊峡、刘家峡水库逐时段坝前水位上下限约束，如图 5.1 虚线所示。

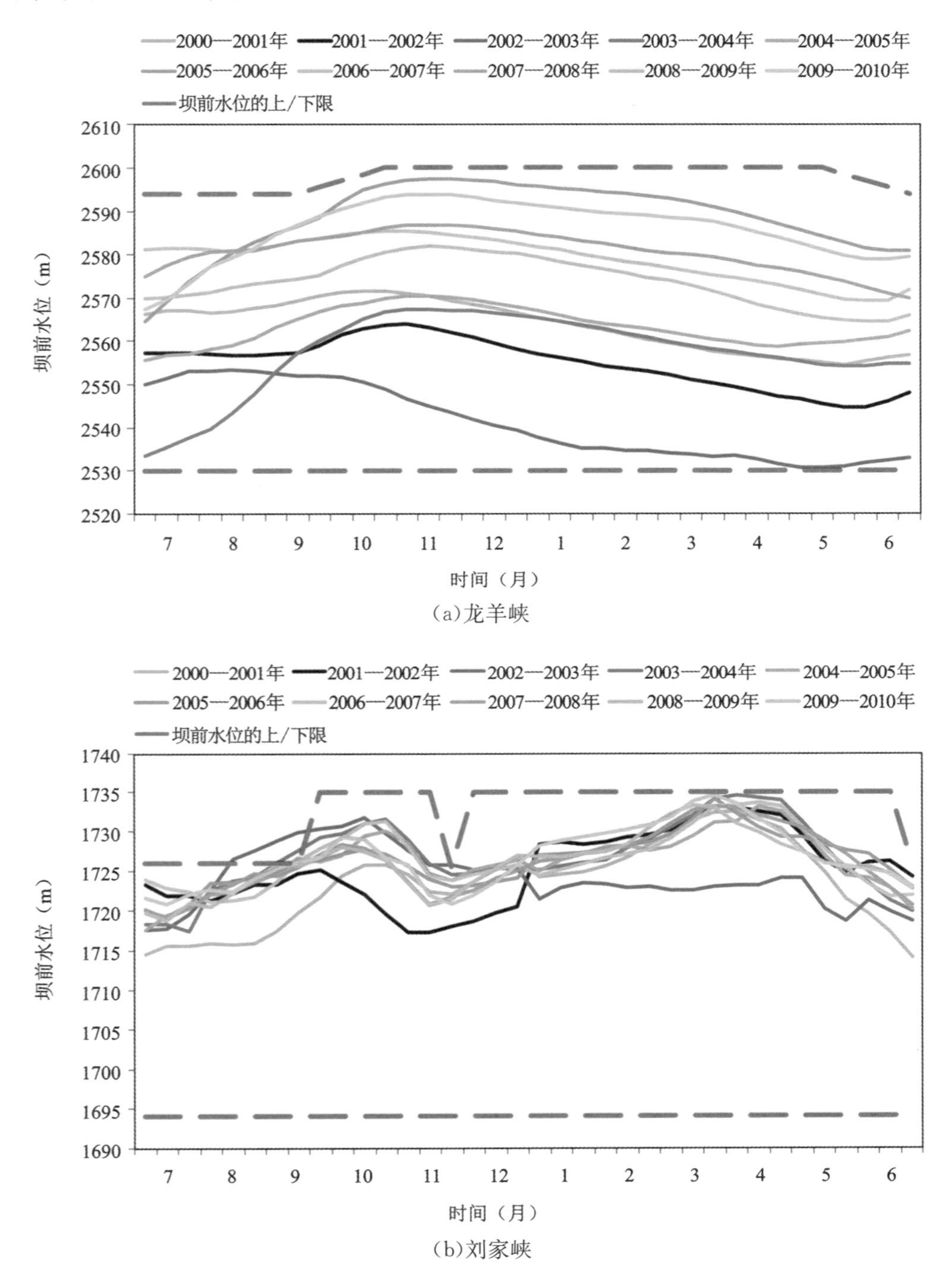

图 5.1　2000—2010 年龙羊峡、刘家峡水库坝前水位过程及上下限约束

5.3.2 流量控制条件

自1999年黄河流域实施全河水量统一调度以来，根据电调服从水调的原则，电网需要严格遵照水调要求确保水库下泄流量满足综合用水要求。黄河上游兰州断面作为重要控制断面，其流量要求通过刘家峡水库控制下泄得以满足。

(1)供水要求

国务院“八七”分水方案明确了黄河上游年可供水量分配规定，以正常来水年份为基准的兰州断面年最小下泄水量为238亿m^3，以此作为现状水平年兰州断面的控泄总水量。兰州断面月流量过程应保证下游灌区灌溉高峰期4—10月的用水。根据现状水平年(2010年)黄河流域供需平衡分析得出的兰州断面供水期逐月最小流量要求如表5.1所示(阚艳彬等，2010；Bai et al.，2015)。

表 5.1　兰州断面供水期逐月最小流量要求

月份	4	5	6	7	8	9	10
流量(m^3/s)	750	1100	900	800	750	750	800

(2)防洪、防凌要求

根据龙羊峡、刘家峡水库联合防洪调度方案，为保证重要城市兰州防洪安全，汛期(7—10月)兰州断面最大流量应控制在6500m^3/s以下(相当于百年一遇的洪水)。

凌期(11月至次年3月)水库的控制运行方式相对复杂。经实践总结，该时期调度原则为：在流凌封河前，适当加大宁蒙河段上游水库的出库流量，尽可能使河道以较高冰盖封河以增加凌汛期冰下过流能力；在稳封期，水库出库流量应尽量保持均匀平稳，保证冰盖稳定；在开河期间，需要严格限制上游水库的下泄流量，防止出现冰塞、冰坝等现象(李会安等，2001)。兰州断面凌期逐月流量控制范围如表5.2所示(刘涵等，2005；Chang et al.，2014)。

表 5.2　兰州断面凌期逐月流量控制范围

月份	11	12	1	2	3
最大流量(m^3/s)	—	700	700	700	600
最小流量(m^3/s)	650	500	400	500	450

根据兰州断面的流量要求，采用控制流域面积比的方法，即可推求刘家峡水库逐月下泄流量上下限约束。

5.3.3 入库及区间流量

为研究龙羊峡水库多年调节运行方式，需要开展长系列优化计算，这里选择唐乃亥站2000年7月至2010年6月10个连续水文年的径流系列作为模型输入。此外，收集整理了水库2000—2010年历史调度数据，包括龙羊峡、刘家峡水库历史出库、入库流量。其他水电站的区间汇流采用控制流域面积比的方法推求(Lamontagne，2015)。以拉西瓦水电站入库流量计算为例，已知刘家峡坝址控制流域面积 181766km²，龙羊峡坝址控制流域面积 131400km²，则龙羊峡—刘家峡流域面积 50366km²，龙羊峡—拉西瓦流域面积 600km²，龙羊峡—拉西瓦流域面积占龙羊峡—刘家峡流域面积的 0.012，则龙羊峡—拉西瓦的区间汇流为 0.012×(刘家峡入库流量—龙羊峡出库流量)。依此类推，可以得到各水电站的区间汇流，如表 5.3 所示，其中 I_1 表示龙羊峡入库流量，I_2 表示刘家峡入库流量与龙羊峡出库流量之差。

表 5.3 各水电站入库流量或区间汇流计算方式

电站	1	2	3	4	5	6	7
	班多	龙羊峡	拉西瓦	尼那	李家峡	直岗拉卡	康杨
控制流域面积(km²)	107520	131400	132000	132160	136747	137000	138000
区间流域面积(km²)	/	/	600	160	4587	253	1000
入库流量或区间汇流	$0.818I_1$	I_1	$0.012I_2$	$0.003I_2$	$0.091I_2$	$0.005I_2$	$0.020I_2$

电站	8	9	10	11	12	13
	公伯峡	苏只	黄丰	积石峡	大河家	刘家峡
控制流域面积(km²)	143619	144750	145750	146749	147828	181766
区间流域面积(km²)	5619	1131	1000	999	1079	33938
入库流量或区间汇流	$0.041I_2$	$0.022I_2$	$0.020I_2$	$0.020I_2$	$0.021I_2$	$0.744I_2$

注：1.班多为龙羊峡上游水电站，径流未经调节，其入库流量计算方式为班多控制流域面积/龙羊峡控制流域面积×龙羊峡入库流量，其他水电站入流按区间面积比计算；
2.区间面积比指该水电站与其上游水电站区间流域面积与龙羊峡—刘家峡流域面积的比值；
3.尼那、直岗拉卡、康杨、黄丰等水电站控制流域面积根据河长比例换算得到。

5.3.4 其他参数设置

(1)时间步长

以 10 年为计算期，旬为时间步长，$T=360$ 旬。本章考虑的是中长期优化调度，且唐乃亥—兰州水流传播时间小于 1 旬，因此在水量平衡方程中可以不考虑水流时滞影响。

(2)始末水位

龙羊峡、刘家峡水库调度期始末水位取与历史实际水位相同，其他水库调节能力相对较小，中长期优化调度可按径流式水电站处理，水库始末水位均取正常蓄水位。

(3)出力系数

出力系数是发电流量和发电水头的函数，这里为简化处理，电站装机容量在 25 万 kW 以上的水电站出力系数取 8.5，其他水电站出力系数取 8.3。

(4)发电水头

龙羊峡、刘家峡水库发电水头根据坝前水位—库容关系曲线、坝后水位—下泄流量关系曲线计算得到，其他水电站发电水头均取设计水头。

(5)水头损失

水头损失是发电流量的函数，这里为简化处理，各水电站水头损失均取其下泄流量范围内对应水头损失的平均值。

(6)最小下泄流量

刘家峡水库最小下泄流量约束根据上述兰州断面流量要求设置，其他水库最小下泄流量约束应满足下游河道水力连续、生态需水等基本要求，取各水库逐时段历史下泄流量最小值。

(7)最大下泄流量

刘家峡水库最大下泄流量约束根据上述兰州断面流量要求设置，其他水库最大下泄流量约束取各水库设计洪水位对应的下泄流量。

(8)最大发电流量

取各水电站机组过流能力与机组数的乘积。

(9)枯水年份用水要求折减

当遭遇枯水年份，刘家峡水库下泄流量难以完全满足下游用水需求，这里为简化处理，设置刘家峡水库在水文频率高于80%的枯水年份的供水时期(4—10月)下泄流量最小值为正常年份的80%。

5.4 模型验证

在开展优化评估之前，为验证电力生产模型模拟结果的可靠性，包括验证水库特征关系曲线以及计算参数设置的准确性和合理性，采用2000—2010年唐乃亥站历史径流系列、龙羊峡和刘家峡水库实测出库流量系列作为模型输入，模拟得到龙羊峡、刘家峡水库的坝前水位和发电量过程，并与2000—2010年龙羊峡、刘家峡水库的实际运行过程进行对比，检验指标采用确定性系数 r^2：

$$r^2=\left[\frac{\sum_{t\in T}(E_t^{obs}-\bar{E}^{obs})(E_t^{sim}-\bar{E}^{sim})}{\sqrt{\sum_{t\in T}(E_t^{obs}-\bar{E}^{obs})^2}\cdot\sqrt{\sum_{t\in T}(E_t^{sim}-\bar{E}^{sim})^2}}\right]^2 \quad (r^2\in[0,1]) \tag{5-25}$$

式中：E_t^{sim} ——时段 t 的模拟值；

$\bar{E}^{sim}$ ——计算期 T 内模拟值的平均值，$\bar{E}^{sim}=\sum_{t\in T}E_t^{sim}/T$；

E_t^{obs} ——时段 t 的实测值；

$\bar{E}^{obs}$ ——计算期 T 内实测值的平均值，$\bar{E}^{obs}=\sum_{t\in T}E_t^{obs}/T$。

龙羊峡、刘家峡水库实测与模拟坝前水位和发电量过程对比如图5.2所示。

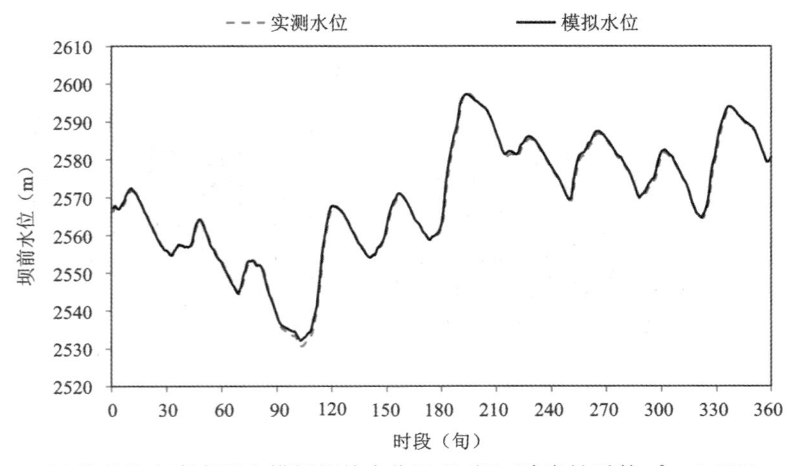

(a)龙羊峡水库实测和模拟坝前水位过程对比(确定性系数 $r^2=0.999$)

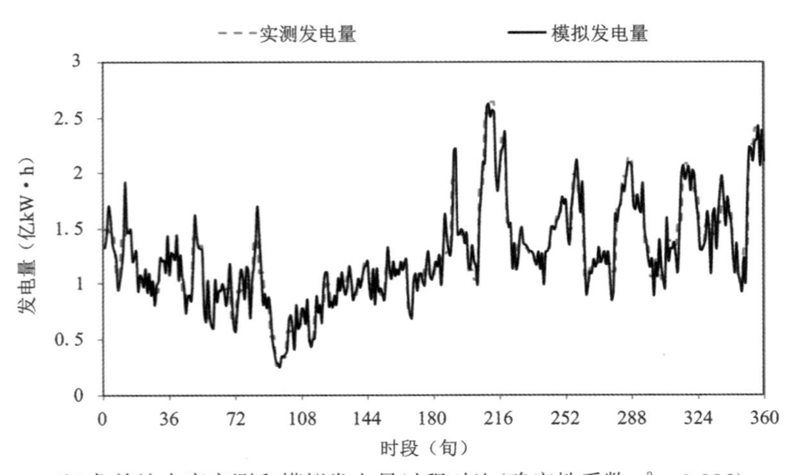

(b)龙羊峡水库实测和模拟发电量过程对比(确定性系数 $r^2=0.996$)

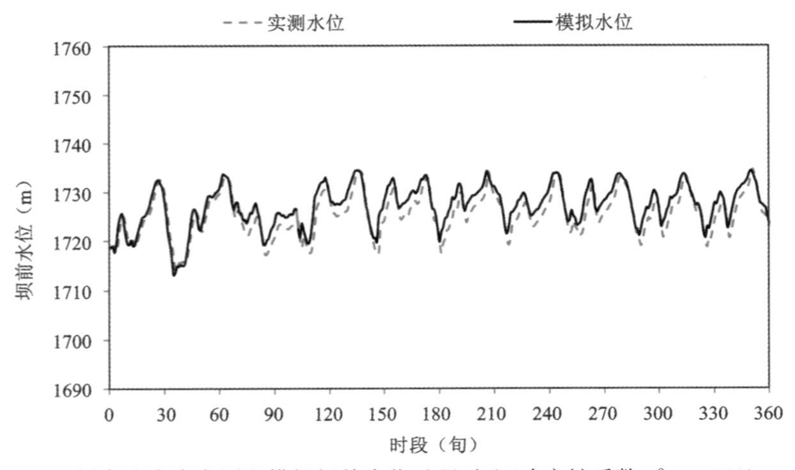

(c)刘家峡水库实测和模拟坝前水位过程对比(确定性系数 $r^2=0.961$)

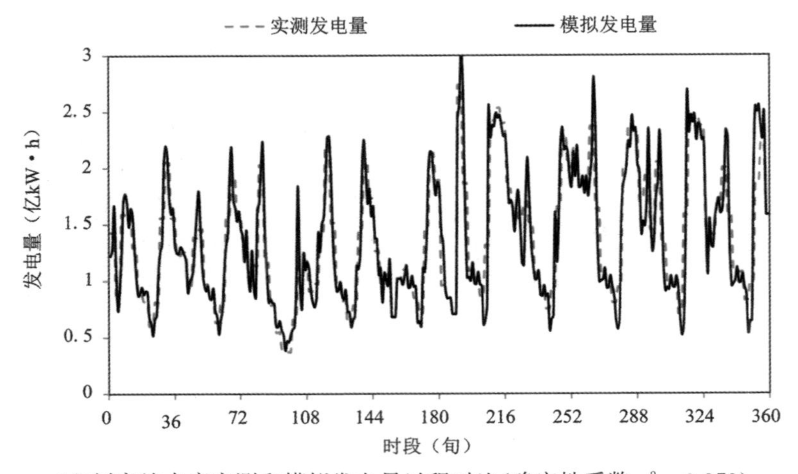

(d)刘家峡水库实测和模拟发电量过程对比(确定性系数 $r^2=0.979$)

图 5.2　龙羊峡和刘家峡水库实测与模拟坝前水位和发电量过程对比

从图 5.2 可以看出，两库坝前水位和发电量模拟值与实测值吻合较好，确定性系数接近于 1.0，表明所建立的模型模拟结果可靠。

模拟计算还可以得到黄河上游梯级 13 座水电站 2000—2010 年的多年平均发电量为 356.8 亿 kW·h，其中龙羊峡多年平均发电量为 45.7 亿 kW·h，刘家峡多年平均发电量为 50.80 亿 kW·h。由于 2000—2010 年黄河上游梯级中多数水电站尚未建成投入运行，没有实测发电数据资料，通过模拟计算得到上述结果，为有效评估黄河上游梯级联合调度的效益提升空间提供了参照。

5.5　结果与讨论

5.5.1　求解方法对比

以 10 年为计算期、旬为计算步长，黄河上游梯级中长期优化调度模型就包括 51480 个变量(其中 15480 个为非线性变量)和 42134 个约束(其中 6120 个为非线性约束)，具有高维复杂特征。为验证求解方法的可靠性，首先同时采用优化软件 LINGO 和 GAMS 编写计算程序，对于同一情景(以表 5.6 中 S1 情景为例)，分别采用 LINGO 的 General NLP 求解器以及 GAMS 的 CONOPT3 求解器和 MINOS5 求解器进行求解。3 种求解器计算得到的龙羊峡、刘家峡水库坝前水位过程对比如图 5.3 所示，梯级系统累计发电量目标值对比如表 5.4 所示。

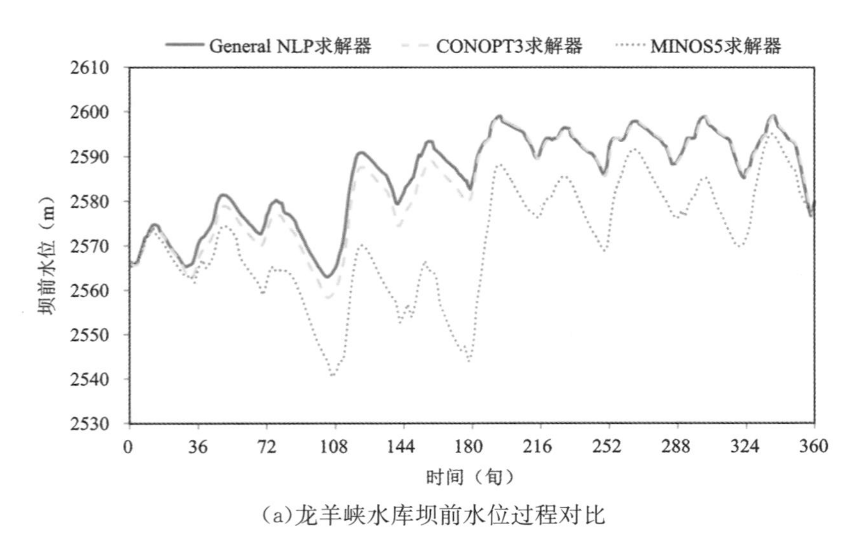

(a)龙羊峡水库坝前水位过程对比

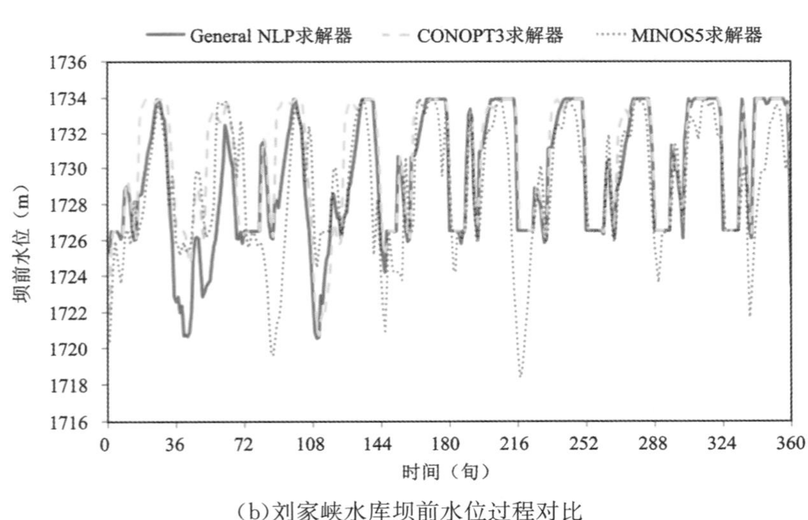

(b)刘家峡水库坝前水位过程对比

图5.3 LINGO和GAMS的3种非线性求解器计算得到的坝前水位过程对比

表5.4 LINGO和GAMS的3种非线性求解器计算得到的累计发电量目标值对比

求解器	LINGO（General NLP求解器）	GAMS（CONOPT3求解器）	GAMS（MINOS5求解器）
发电量目标值（亿kW·h）	3649.02	3644.10	2843.47

从图5.3、表5.4可以看出，在3个非线性求解器均采用默认设置的情况下，LINGO的General NLP求解器的计算结果明显优于GAMS求解器。

继而采用General NLP求解器与LINGO的另外两种具有全局搜索性能的NLP求解器进行对比，包括Global求解器和Multi-start求解器。NLP求解器的核心算法为广义既约梯度法（Generalized Reduced Gradient，GRG）（Lasdon et al.，1978）。3种求解器的区别体现在初始点选择和最终解的确定方式。General NLP 求解器在得到第一个局部最优解后停止计算，其结果高度依赖于起始点。Global 求解器运行时间较长，直到确定得到全局最优解后才停止计算。Multi-start 求解器智能选择不同的起始点，求出每个起始点所对应的局部最优解，通过比较返回最佳的局部最优解，因此有较高概率搜索到趋于全局最优的解。此外，在计算环境允许的情况下，LINGO 还可以触发多线程（Multi-thread）计算，提高求解效率。

对于同一情景，采用 LINGO 的 3 种求解器的运算时间和梯级系统累计发电量目标值如表 5.5 所示。

表 5.5　LINGO 的 3 种求解器的运算时间和梯级系统累计发电量目标值对比

求解器	General NLP 求解器	Global 求解器	Multi-start 求解器					
		线程=2	起始点=2，线程=1	起始点=2，线程=2	起始点=4，线程=1	起始点=4，线程=2	起始点=6，线程=2	起始点=6，线程=3
运算时间(s)	180	3600[a]	304	201	994	465	949	1036
发电量目标值(亿 kW·h)	3649.02	目标上限=3690.03	3649.02	3649.02	3649.02	3649.02	3649.02	3649.02

注：a终止计算条件设置为 3600s 停止。

从表 5.5 可以看出，General NLP 求解器采用单线程，求解速度最快，运行时间为 180s。Global 求解器运行时间长，尽管采用双线程，在运行 1 小时停止后只能确定最大目标边界值为3690.03 亿 kW·h，并未获得可行解。Multi-start 求解器采用多个起始点搜索，最终在不同起始点和计算线程的组合下获得与 General NLP 求解器相同的优化结果，然而总耗时却高于 General NLP 求解器。一般来说，采用 Multi-start 求解器基于不同起始点得到的局部最优解不同，通过比较不同局部最优解取最佳者作为优化结果，因此当起始点数量增加时，优化结果将趋于全局最优解。然而，这里当 Multi-start 求解器采用不同起始点时，优化结果相同，这可能是因为该模型结构具有对称性。

综合比较各种求解器，可以看出 LINGO 的 General NLP 求解器具有较好的优化性能，能够兼顾求解质量和计算效率，因此本研究采用该求解器进行计算分析。

5.5.2　双目标权衡关系

在式(5-24)中，取出力增量 $\Delta N=100\text{MW}$，通过改变 σ（$\sigma=1,2,\cdots,13$）进行优化计算，获得黄河上游梯级 13 个不同保证出力情景(S1～S13)下的多年平均发电量最大值，如表 5.6 所示。其中，12 座水库系统指黄河上游梯级接入青海电网的班多—大河家 12 座水库，13 座水库系统指班多—刘家峡13座水库(刘家峡发电量不输送至青海电网)。可以看出,12座水库系统的多年平均发电量最大值为312.8亿kW·h,较历史模拟情景多年平均发电量提高了6.8亿kW·h,且对应的保证出力2310MW保证率由模拟时的92.5%提高至100%。随着水库系统保证出力的增加,多年平均发电量最大值逐渐降低。至保证出力为3110MW时(保证率100%),12座水库系统的多年平均发电量最大值为308.3亿kW·h,即保证出力(保证率100%)增加800MW,发电量减少约4.5亿kW·h。随后,保证出力再增加,保证率将不足100%,至保证出力为3510MW时(保证率90.6%),12座水库系统多年平均发电量最大值为305.1亿kW·h,发电量接近历史模拟情景S0。通过对比优化结果和历史模拟结果,可以看出黄河上游梯级联合调度运行仍有很大的发电效益提升空间,表现为系统发电量和保证出力均可以大幅提高。

比较龙羊峡、刘家峡水库发电量可以看出,不同保证出力情景下系统多年平均发电量最大值的降低主要源于龙羊峡水库,当系统保证出力变化1200MW时(S1~S13情景)将引起龙羊峡水库多年平均发电量降低7.7亿kW·h;刘家峡水库发电量则变化不大。这充分表明了龙头水库龙羊峡的补偿调节作用。

表5.6 黄河上游梯级不同保证出力情景下的多年平均发电量最大值计算结果

情景	保证出力(MW)	多年平均发电量最大值(亿kW·h)			
		龙羊峡	刘家峡	13座水库系统	12座水库系统
S0	2310 (92.5%)[a]	45.7	50.8	356.8	306.0
S1	2310	51.9	52.1	364.9	312.8
S2	2410	51.8	52.1	364.8	312.7
S3	2510	51.7	52.0	364.6	312.6
S4	2610	51.5	51.9	364.4	312.4
S5	2710	51.4	51.8	364.1	312.3
S6	2810	50.8	51.9	363.6	311.7
S7	2910	49.9	52.0	362.8	310.8
S8	3010	48.8	52.1	361.8	309.7
S9	3110	47.4	51.9	360.3	308.3
S10	3210 (97.8%)[a]	46.7	51.9	359.6	307.6
S11	3310 (95.6%)[a]	45.7	51.9	358.5	306.6
S12	3410 (93.3%)[a]	44.5	51.7	357.1	305.4
S13	3510 (90.6%)[a]	44.2	51.2	356.3	305.1

注:a表示保证出力并非100%满足,括号内百分数为保证率,其余为100%满足。

12座水库系统多年平均发电量与保证出力双目标的帕累托非劣解集如图5.4所示。

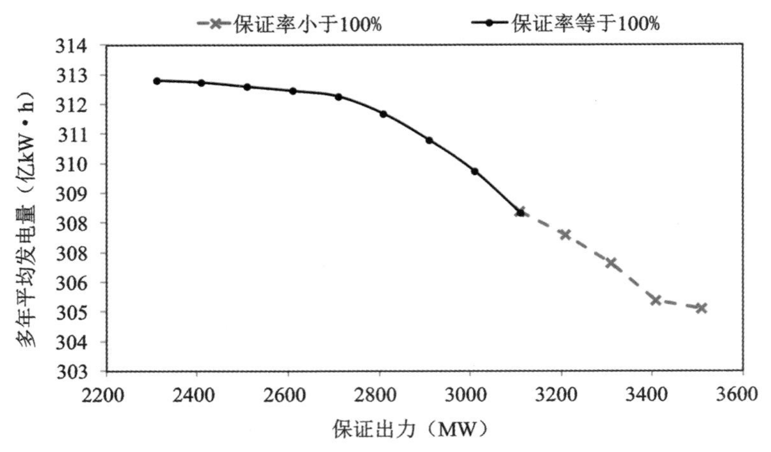

图 5.4　12 座水库系统多年平均发电量与保证出力双目标的帕累托非劣解集

从图 5.4 可以看出，黄河上游梯级保证出力的提高是以发电效益的损失为代价的。发电量的大小取决于两个因素：一是发电流量，决定了水电运行的短期发电效益；二是水头，决定了水电运行的长期发电效益。对于调节性能好的水库而言，水头利用对于发电量影响较大。当保证出力提高时，意味着水电站需要在枯水期来水较少时为达到保证出力要求而增加下泄，虽然短期发电效益有所增加，然而由于坝前水位降低，导致系统长期发电效益损失。

系统多年平均发电量与保证出力双目标的帕累托非劣解集具有分段特征：当保证出力小于 2710MW 时，保证出力变化对于多年平均发电量变化影响不大，保证出力每增加 100MW，多年平均发电量仅减少0.14 亿 kW·h；当保证出力大于 2710MW 时，保证出力每增加 100MW，多年平均发电量减少0.97 亿 kW·h，出现明显下降。

5.5.3　典型年分析

唐乃亥站 2000—2010 年的年径流量和水文频率如图 5.5 所示。

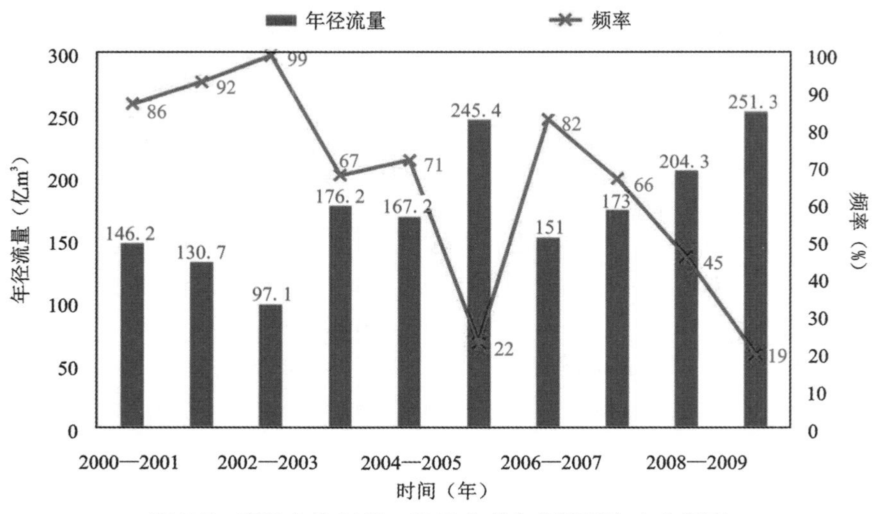

图 5.5　唐乃亥站 2000—2010 年的年径流量和水文频率

选取2004—2005年、2008—2009年、2005—2006年作为典型枯水年、平水年、丰水年，对应的水文频率分别为71%、45%、22%。典型年发电量对比如表5.7所示。

表5.7 典型年发电量对比

典型年	情景	发电量(亿kW·h)			
		龙羊峡	刘家峡	13座水库系统	12座水库系统
枯水年	S0	37.4	46.7	304.3	267.7
	S1	49.5	50.4	348.1	297.7
	S5	44.0	47.3	323.6	276.3
	S9	35.2	45.7	318.3	272.7
	S13	35.9	53.7	361.2	307.5
平水年	S0	54.4	58.4	402.5	357.5
	S1	62.8	59.8	423.7	363.9
	S5	62.0	59.2	418.9	359.7
	S9	58.6	56.6	398.7	342.1
	S13	46.2	51.2	358.7	307.5
丰水年	S0	59.4	61.8	405.2	358.3
	S1	71.1	70.2	481.6	411.4
	S5	68.0	67.8	461.7	393.9
	S9	45.2	52.7	335.6	282.9
	S13	44.5	57.3	364.9	307.5

在S1情景(保证出力2310MW)下，12座水库系统在枯水年、平水年、丰水年的发电量可分别达到297.7亿kW·h、363.9亿kW·h、411.4亿kW·h，其中龙羊峡水库发电量分别为49.5亿kW·h、62.8亿kW·h、71.1亿kW·h。在S13情景(保证出力3510MW)下，12座水库系统在枯水年、平水年、丰水年的发电量均为307.5亿kW·h，其中龙羊峡水库发电量分别为35.9亿kW·h、46.2亿kW·h、44.5亿kW·h。这表明龙羊峡水库可以发挥多年调节作用将库内存水从丰水年分配至枯水年以满足保证出力要求，使系统年际发电量均衡。

5.5.4 过程对比

(1)系统出力

不同情景下12座水库系统出力过程对比如图5.6所示。

从图5.6可以看出，随着保证出力的提高，系统出力过程趋于平稳。一般来说，由于要适应随时间变化的水流过程，最大化发电量目标会造成发电过程波动，而最大化保证出力目标则需要稳定的发电过程。由于初始和终止水位设置与历史值相同，多年调节水库龙羊峡起调水位较低，且调度初期来水较少(2000—2001年、2001—2002年、2002—2003年唐乃亥站来水频率分别为86%、92%、99%)，造成了S13情景下调度初期违反保证出力情况的发生。

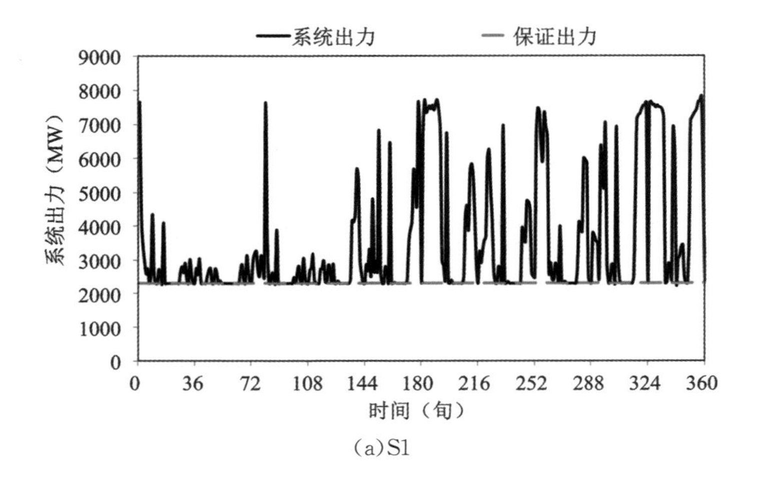
系统出力
保证出力
9000
8000
7000
6000
5000
4000
3000
2000
1000
0
系统出力（MW）
0
36
72
108
144
180
216
252
288
324
360
时间（旬）

(a)S1

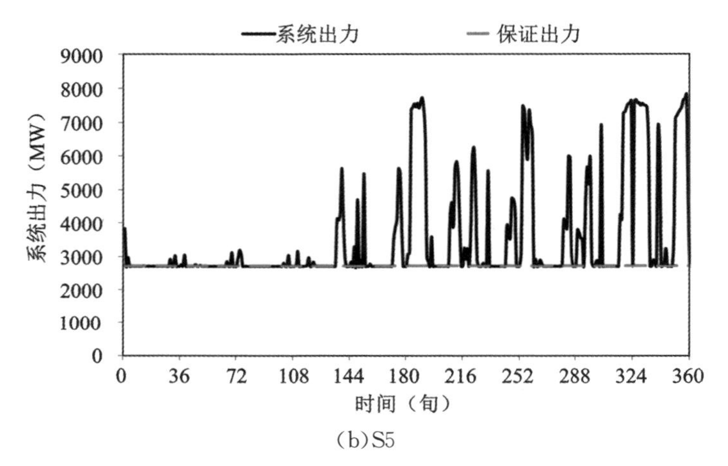
系统出力
保证出力
9000
8000
7000
6000
5000
4000
3000
2000
1000
0
系统出力（MW）
0
36
72
108
144
180
216
252
288
324
360
时间（旬）

(b)S5

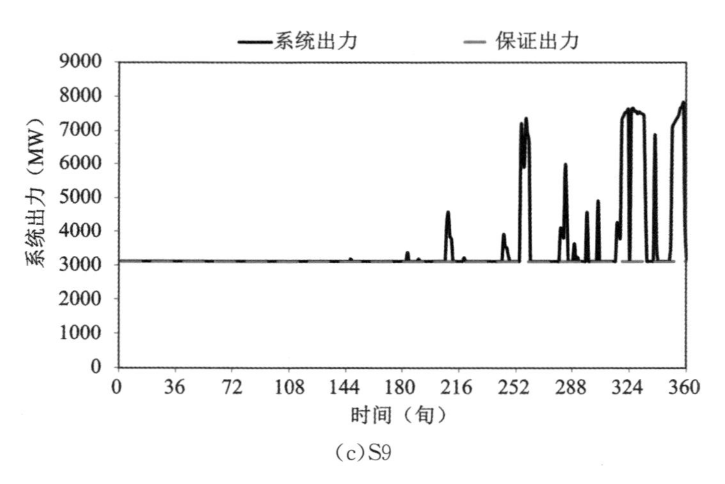
系统出力
保证出力
9000
8000
7000
6000
5000
4000
3000
2000
1000
0
系统出力（MW）
0
36
72
108
144
180
216
252
288
324
360
时间（旬）

(c)S9

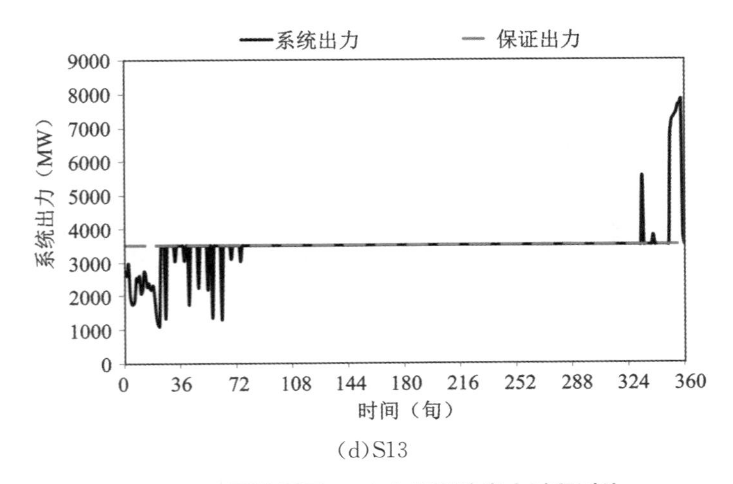

(d)S13

图5.6 不同情景下12座水库系统出力过程对比

(2)发电量

不同情景下12座水库系统多年月平均发电量对比如图5.7所示。

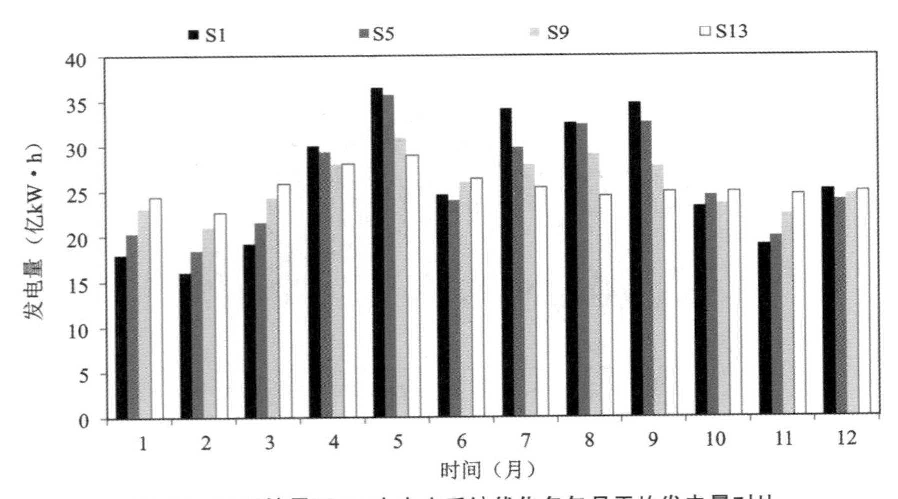

图5.7 不同情景下12座水库系统优化多年月平均发电量对比

从图5.7可以看出，对于所有情景，年内发电量最大值均发生在5月，这主要是由于该时段梯级下游灌溉需水量最大，梯级系统下泄量增加；当目标偏好发电量最大时，年内各月的发电量分布越不均匀，汛期发电量多而非汛期发电量少，如在S1中，5月发电量最大，达到36.4亿kW·h，2月发电量最小，仅为16.0亿kW·h；当目标偏好保证出力最大时，各月的发电量分布趋于均匀，如在S13中，各月发电量均在25.0亿kW·h上下。不同情景下12座水库系统优化发电量较模拟发电量增量逐月对比如图5.8所示，正值表示优化较模拟增加，反之则相反。可以看出，优化后较历史运行增加的发电量主要是在9月，而减少的发电量主要是在6月。

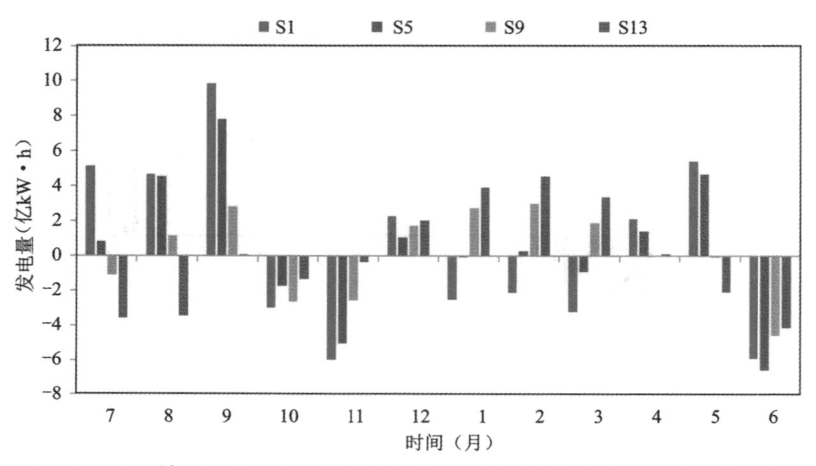

图 5.8　不同情景下 12 座水库系统优化发电量较模拟发电量增量逐月对比

(3)坝前水位

不同情景下龙羊峡水库坝前水位和发电量过程对比如图 5.9 所示,不同情景下刘家峡水库坝前水位和发电量过程对比如图 5.10 所示。

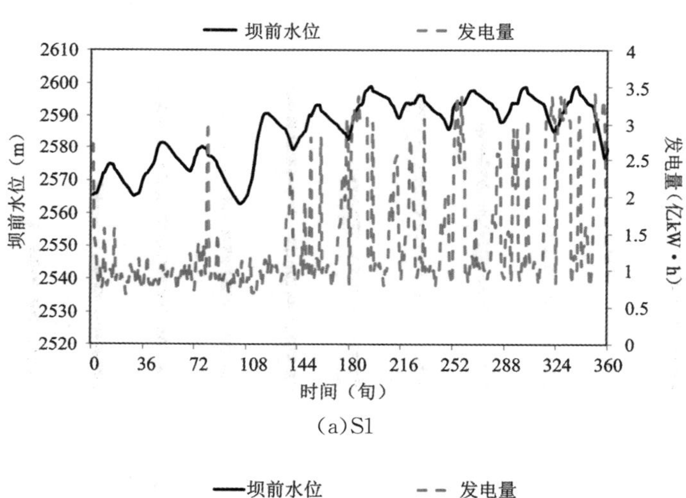

(a)S1

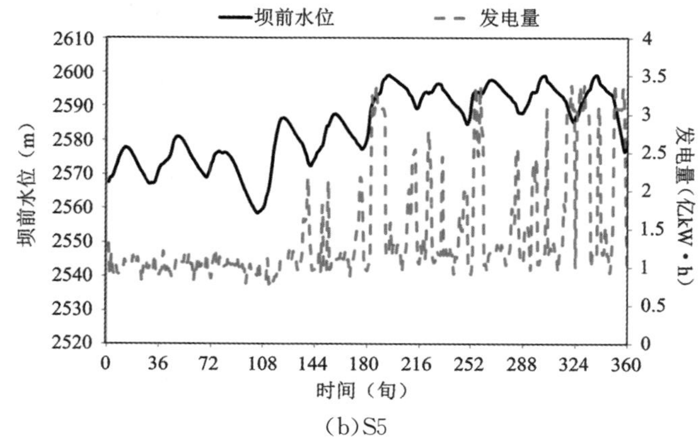

(b)S5

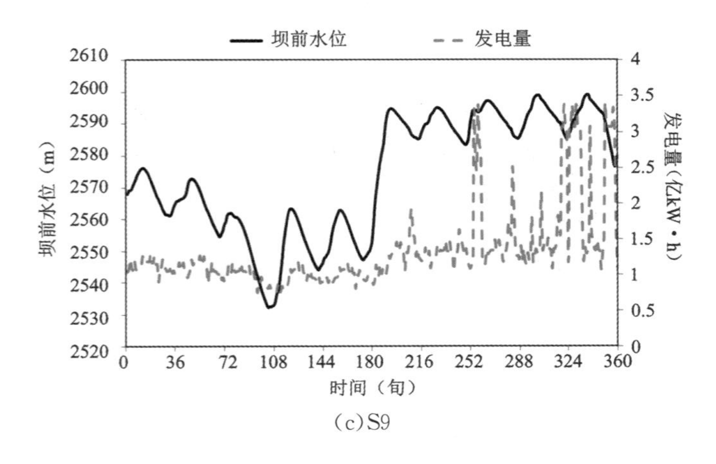

(c)S9

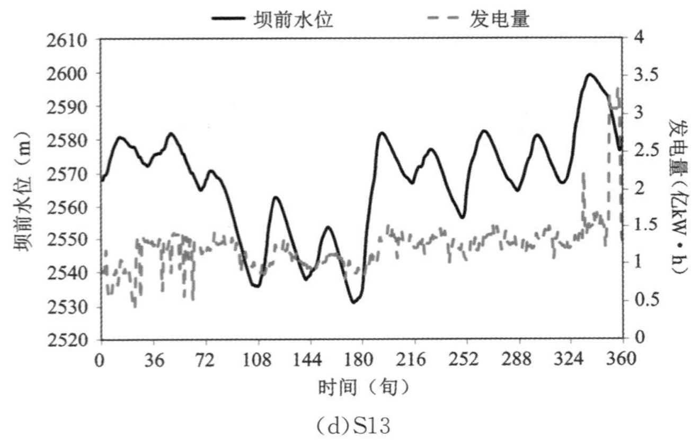

(d)S13

图 5.9　不同情景下龙羊峡水库坝前水位和发电量过程对比

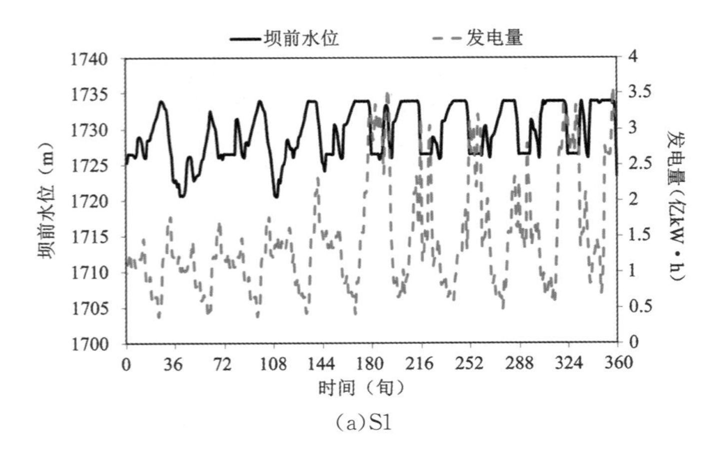

(a)S1

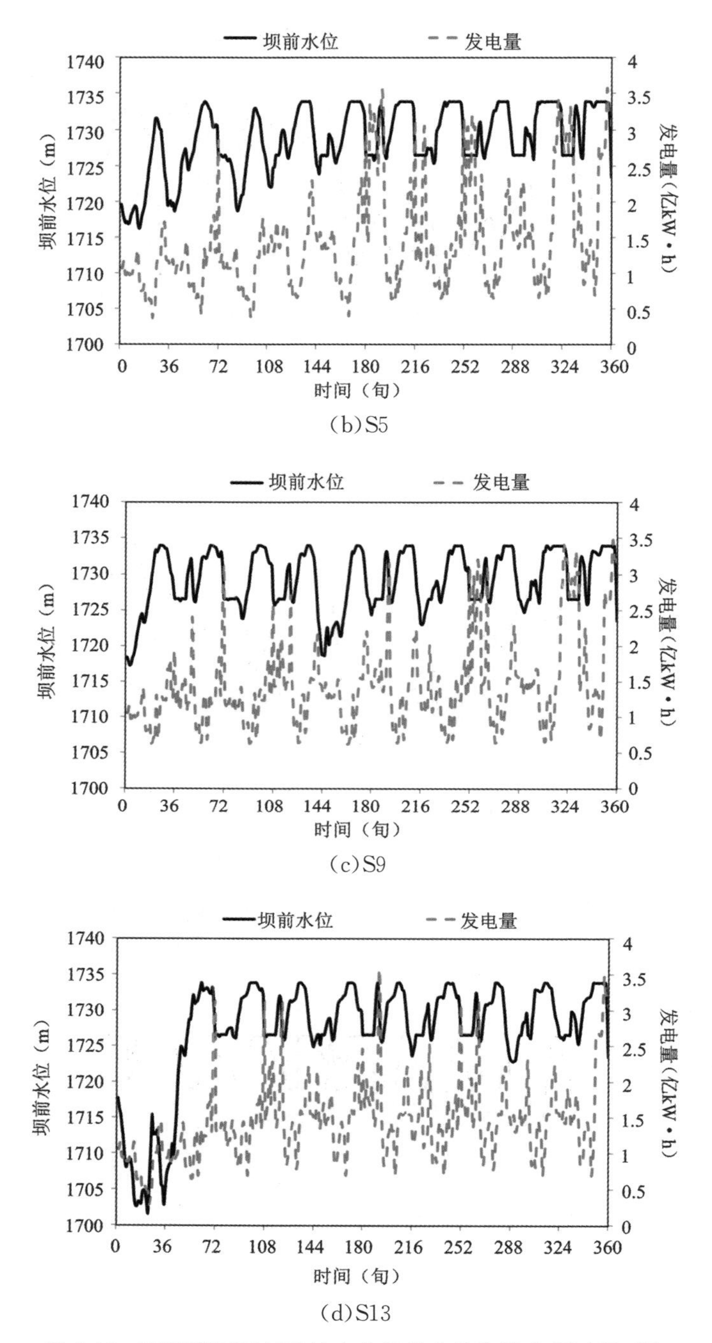

(b)S5

(c)S9

(d)S13

图 5.10　不同情景下刘家峡水库坝前水位和发电量过程对比

从图 5.9、图 5.10 可以看出，由于初始水位较低且调度期前三年来流偏枯，导致储存在龙羊峡水库中的水量加上入库水量不能够满足加大泄流的要求，因此调度初期系统存在一定程度的发电破坏。随着保证出力的提高，龙羊峡水库的发电量逐渐趋于平稳，但由于为满足保证出力要求在调度初期加大泄流量，导致龙羊峡水库水位降低，造成其后期发电量大幅减少。

5.5.5　考虑网内其他电源

根据国网青海省电力公司2015年统计数据，青海电网需电量及各电源上网电量如图5.11所示，不同情景下青海电网逐月缺电量如表5.8所示。

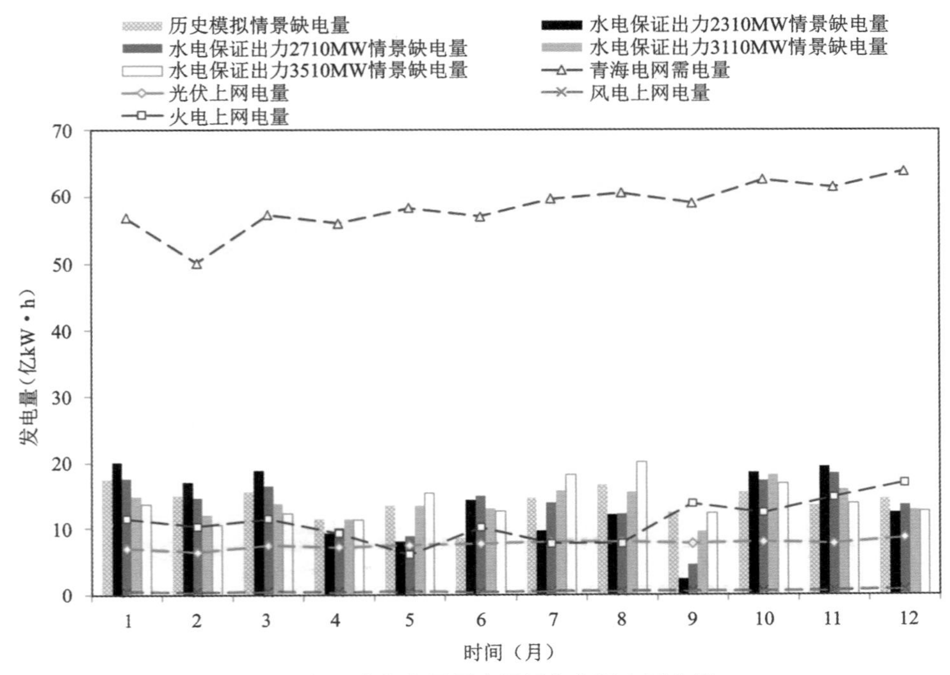

图5.11　青海电网需电量及各电源上网电量

表5.8　　不同情景下青海电网逐月缺电量　　（单位：亿kW・h）

月份	情景				
	S0	S1	S5	S9	S13
1	17.6	20.1	17.7	14.8	13.7
2	14.9	17.0	14.7	12.0	10.4
3	15.6	18.9	16.5	13.7	12.2
4	11.3	9.2	9.9	11.3	11.2
5	13.4	7.9	8.7	13.4	15.4
6	8.3	14.3	14.9	12.9	12.5
7	14.7	9.5	13.8	15.8	18.3
8	16.6	11.9	12.1	15.5	20.1
9	12.3	2.4	4.5	9.4	12.2
10	15.5	18.5	17.3	18.2	16.9
11	13.4	19.4	18.4	15.9	13.7
12	14.5	12.3	13.5	12.8	12.5
总计	168.1	161.3	161.9	165.8	169.0

从图5.11、表5.8可以看出，在2015年供用电水平下，各电源上网电量所占比重依次为

水电、火电、光伏、风电；青海电网完全实现供用电“自给自足”仍有一定缺口，在不同情景下各月缺口有一定差异。因此，需要进一步探索水电与新能源联合上网的技术。利用水电调节性能好的特点，弥补新能源间歇性、随机性、不稳定出力的不足，不断将青海地区新能源的资源和容量优势转化为切实可以利用的上网电量。

5.6 本章小结

本章构建了权衡黄河上游梯级水库系统发电量与保证出力的多目标调度模型，采用LINGO的非线性规划求解器进行优化计算和结果分析。经验证，求解质量和计算效率均比较理想。取得的主要结论如下：

1)梯级水库系统多年平均发电量与保证出力存在明显的权衡关系。帕累托非劣解集具有分段特征：当保证出力小于2710MW时，保证出力变化对于发电量变化影响不大；当保证出力大于2710MW时，系统发电量出现明显下降。当保证出力分别为2310MW(保证率100%)、3110MW(保证率100%)、3510MW(保证率90%)时，接入青海电网的班多—大河家12座水库系统多年平均发电量最大值分别为312.8亿kW·h、308.3亿kW·h、305.1亿kW·h。

2)当保证出力为2310MW时，枯水年、平水年、丰水年12座梯级水库系统的发电量分别为297.7亿kW·h、363.9亿kW·h、411.4亿kW·h。当保证出力达到3510MW时，3个典型年的发电量均为307.5亿kW·h。结果表明，龙羊峡水库作为龙头水库，能够充分发挥其多年调节作用将丰水年的径流调蓄至枯水年进行利用，以满足整个系统保证出力的要求。

3)若以梯级水库系统发电量最大化为目标，龙羊峡水库应尽可能维持高水位运行，而若以保证出力最大化为目标，龙羊峡水库下泄流量过程则应尽可能保持平稳。

4)比较优化调度和历史模拟结果可知，黄河上游梯级联合运用存在较大的发电效益提升空间。当保证出力为2310MW时，12座水库系统优化调度多年平均发电量较历史模拟多年平均发电量最多提高6.8亿kW·h，且保证出力保证率由历史模拟值的92.5%提高至100%。

需要说明的是，本章采用历史径流序列作为优化调度模型的输入条件，这属于已知来水情况下的回顾性评价，因此计算得到的是效益提升的理论最优值。然而，受现阶段径流预报水平局限，理论最优值只能趋近而难以达到。因此，未来可以应用本章构建的数学模型结合随机径流生成方法，在不同来水量级、不同来水过程条件下开展进一步研究，回答考虑径流不确定性对梯级水库调度的影响这一问题。

第6章 黄河流域上游水资源—能源—粮食纽带关系

6.1 引言

黄河流域土地、能源、矿产资源蕴藏丰富，拥有国家重要的粮食和能源基地。然而，水资源禀赋与经济社会高速发展的需求不相匹配，水资源极度短缺成为制约流域生产、生活与可持续发展的重要瓶颈。合理配置和高效利用黄河流域水资源关系到多部门效益的发挥。在黄河上游地区，梯级水库除承担西北电网发电任务外，还肩负着沿岸农业灌溉、工业生产和城市生活等综合用水任务，以及中下游河段的供水保障和生态流量需求，因此水库运用方式不仅受电网运行控制，很大程度上还受综合用水制约，尤其是电站下游灌区引黄灌溉用水是影响系统发电效益发挥的主要因素之一（许伟，2015；冉本银，2006）。

宁夏、内蒙古境内大型灌区（以下简称“宁蒙灌区”）的春灌用水高峰期4—6月是黄河上游年内来水偏枯的时期，天然来水难以完全满足用水需求。宁夏、内蒙古境内目前尚无控制性水利枢纽，黄河上游梯级水库每年需要提前预留春灌用水供给下游灌区灌溉季节利用。由于下游灌区灌溉季节用水量较大，梯级水库不得不增大下泄流量，从而导致发电水头降低。龙羊峡水库自1987年运行以来，恰逢黄河流域遭遇1990—2004年长达15年的枯水期，坝前水位长期处于正常运行水位下方，但从历史运行资料来看，宁蒙灌区农业灌溉供水保证率却远大于设计值。这种不考虑来水丰枯情况、一律以需定供的运行方式，导致龙羊峡水库长期蓄水不足而持续低水位运行，造成水电站发电耗水率高、水能处于低效率利用状态（王义民等，2003）。然而，宁蒙灌区传统的大水漫灌方式导致农田灌溉用水定额偏大，灌溉用水有效利用系数不高，水资源存在严重浪费。这种运行方式对于保障水库长期供水效益也极为不利，多年调节水库年末水位消落过低意味着次年可供水量减少，不利于应对未来可能发生的干旱事件，若逢连续枯水年份供需缺口陡然增大，破坏程度将会更深。例如，2003年，黄河流域遭遇自1956年以来最干旱的年份，引发严重的水资源危机，黄河干流省界断面和重要控制断面流量低于预警流量的事件频发，而由于龙羊峡水库前期水位已接近死水位，无力满足下游大量补水需求，造成当年宁蒙灌区引水量大幅减少，对农业生产造成了严重的影响。

“电调服从水调”是黄河流域梯级水库运行的基本原则。然而，随着西北地区经济社会的快速发展，黄河上游青海、甘肃、宁夏等省（自治区）用电需求急剧增加，对于进一步挖潜水电效益也有相当大的诉求。倘若未来黄河来水量持续减少，黄河流域水调与电调的矛盾将会更加突出。目前已有不少研究关注到黄河上游梯级水库多目标调度和灌区水资源配置问题（Bai et al.，2015；Liu et al.，2015；Wang et al.，2016）。已有研究的一般做法是将两者分开讨论，在梯级水库调度模型中以下游需水量作为约束条件，在灌区水资源配置模型中通常以进入宁夏境内的径流作为输入条件。或者是，构建黄河全流域水资源配置模型，简化了流域特定区间的关键要素（彭少明等，2017）。鲜有研究探讨黄河上游地区梯级水电与宁蒙灌区农业灌溉以及为中下游地区供水等目标之间的竞争与协同关系。近年来，国际上将水资源、能源、粮食三种基础性资源描述为一种纽带关系，并很快发展为一个热点研究方向。受这一范式启发，也为充分挖潜水资源综合利用效益的提升空间，这里将黄河上游水资源、能源、粮食等要素视为一个有机整体统筹考虑，以水资源作为核心要素，通过水库系统调节流量过程实现对纽带系统中各类资源的优化配置。

本章为探讨黄河流域上游水资源—能源—粮食纽带关系，在梯级水库调度模型的基础上进一步增加了河道外引水模块，研究河段为黄河源头—头道拐断面，涉及班多—青铜峡22座水库。本章主要结构如下：6.2节对研究区域进行概化，构建了黄河流域上游水资源—能源—粮食纽带系统多目标优化模型，统筹考虑了黄河流域中下游水资源供给、黄河流域上游粮食主产区产粮和梯级水库水能利用的三重效益；6.3节通过进一步收集整理宁蒙灌区引黄灌溉等数据资料，设置了模型输入条件、计算参数、寻优可行域等；6.4节通过多目标优化计算量化了2000—2010年来水条件下黄河上游梯级水库系统发电、宁蒙灌区引水、头道拐断面供水三目标间权衡关系；6.5节对比了龙羊峡水库历史调度与优化调度结果，量化了不同边界条件下三目标间权衡关系的变化，并开展了参数的敏感性分析。

6.2 数学建模

6.2.1 区域概化

将黄河流域上游内主要水库、水电站、取水口、退水口、受水区等元素概化为节点，可以得到研究区域主要节点拓扑关系，如图6.1所示。其中，农业用水、工业和生活用水以省（自治区）为单元分别概化为两个节点，节点之间通过有向线段连接以表征引、退水过程。研究区域内主要水文站包括唐乃亥、贵德、兰州、下河沿、石嘴山、头道拐，其中兰州和头道拐断面是黄河流域水量调度的两个重要流量控制断面。

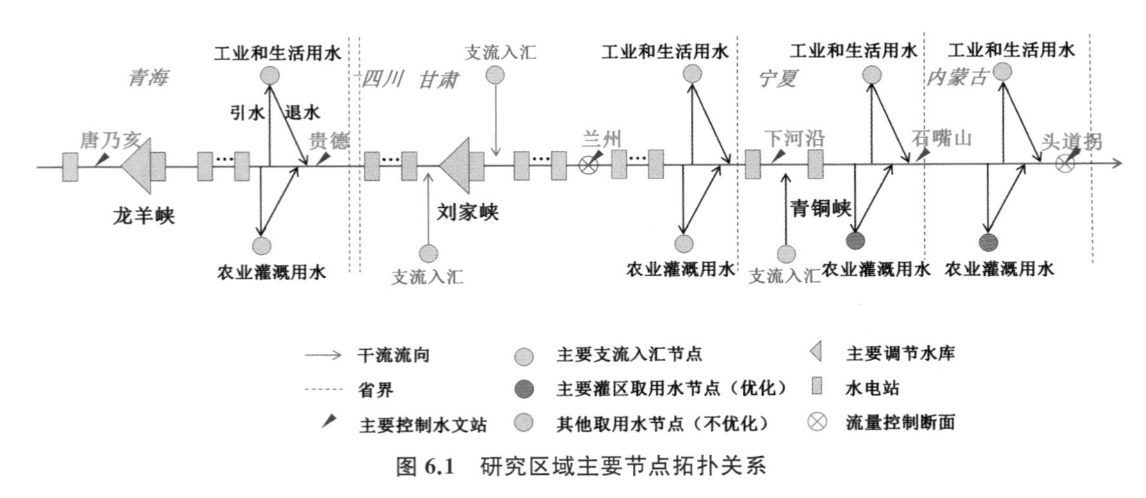

图 6.1　研究区域主要节点拓扑关系

需要说明的是，模型还包括以下简化处理：

1）宁夏境内大型灌区主要包括卫宁灌区和青铜峡灌区，其中卫宁灌区取水口位于青铜峡水库上游河段。由于目前获取到的灌区引水数据无法细分到灌区，且相对于青铜峡灌区，卫宁灌区引黄灌溉用水比例较小，对青铜峡水库入库流量以及系统发电量的影响基本可以忽略。为简化计算，这里将宁夏境内所有灌区统一概化为一个农业灌溉用水节点，设置为从青铜峡水库下游取水。

2）根据第 2 章对黄河上游水资源利用情况的分析，各省（自治区）工业和生活引黄河水量比例较少且年际波动不大，而农业灌溉引黄河水量相对较大（约 80%），因此将各省（自治区）工业和生活用水合并为一个节点，农业灌溉用水作为一个节点。另外，假定流域内各省（自治区）工业和生活用水优先满足，这里直接利用历史工业和生活引退黄河水过程，不做优化，仅将农业灌溉引退黄河水过程作为优化的决策变量。

3）青海、四川、甘肃 3 个省和宁夏、内蒙古 2 个自治区农业灌溉引黄河水量分别占黄河上游农业灌溉引黄河水量的 20% 和 80%。为分析主要因素，本章侧重于考虑宁夏和内蒙古境内灌区的农业灌溉引退黄河水过程，其他省农业灌溉引退黄河水过程利用历史过程，不做优化。

6.2.2　纽带模型

（1）供水效益

头道拐断面是黄河干流上游和中游分界点河口镇的流量代表断面。经黄河上游梯级水库调节后流经头道拐断面进入黄河中下游的水量需要满足全河水量调度的要求，从而保障中下游地区供水、维持河道输沙能力和河床基本形态、防止发生河道断流等生态环境破坏。头道拐断面作为黄河上游系统的出口断面，通过比较该断面流量过程与中下游地区需水过程的满足程度可衡量供水保证程度，体现了黄河上游梯级水库对中下游地区的供水效益，因此在模型中将该断面概化为一个受水区。

(2)产粮效益

宁蒙灌区位于西北干旱半干旱地区,该区域有效降水少而蒸发强烈,灌区作物生长主要依靠引黄河地表水供给,不足部分由地下水补充。一般情况下,通过农作物生产模型模拟粮食产量较为复杂,直接耦合在水资源—能源—粮食纽带模型中会给优化求解带来困难,而且对于大尺度区域而言,计算准确度往往不高(Anghileri,2011)。因此,可借助宁蒙灌区农业灌溉需水量的满足程度作为衡量产粮效益的有效替代方法。

缺水指数是由美国陆军工程兵团提出的评价受水区缺水程度的量化指标(Hydrologic Engineering Center,1966)。研究中多采用二次函数形式表示,相较于一次函数形式,以最小化二次函数缺水指数作为优化目标可避免某一时段灾难性亏缺情景发生,使亏缺能够均匀分布在较长时间跨度(Hsu and Cheng,2002;Tu et al.,2008;Mandes et al.,2015;Hashimoto et al.,1982)。

根据上述分析,头道拐断面、宁夏灌区、内蒙古灌区可以分别概化为模型中的3个主要受水区,由于受水区不唯一且用水优先等级不统一,以最小化权重系数组合缺水指数作为目标函数,即综合缺水指数,可表示为:

$$\min \sum_{j=1}^{J} \omega_j \cdot SI_j \tag{6-1}$$

其中

$$SI_j = \frac{100}{T} \sum_{t=1}^{T} \left[\frac{TS_j(t)}{TD_j(t)} \right]^2 \qquad (\forall j) \tag{6-2}$$

$$TD_1(t) = W_{NX}^{norm}(t) \qquad (\forall t) \tag{6-3}$$

$$TD_2(t) = W_{IM}^{norm}(t) \qquad (\forall t) \tag{6-4}$$

$$TD_3(t) = Q_{TDG}^{norm}(t) \qquad (\forall t) \tag{6-5}$$

$$TS_1(t) = TD_1(t) - W_{NX}(t) \qquad (\forall t) \tag{6-6}$$

$$TS_2(t) = TD_2(t) - W_{IM}(t) \qquad (\forall t) \tag{6-7}$$

$$TS_3(t) = \max[TD_3(t) - Q_{TDG}(t), 0] \qquad (\forall t) \tag{6-8}$$

式中:t ——时段索引,$t \in [1, T]$;

j ——受水区索引,$j \in [1, J]$,$J=3$,其中$j=1$表示宁夏灌区,$j=2$表示内蒙古灌区,$j=3$表示头道拐断面;

ω_j ——受水区 j 的权重系数；

SI_j ——受水区 j 的缺水指数；

$TS_j(t)$ ——受水区 j 在时段 t 的缺水量；

$TD_j(t)$ ——受水区 j 在时段 t 的需水量；

$W_{NX}^{norm}(t)$ ——宁夏河段在时段 t 的标准农业灌溉引黄流量；

$W_{IM}^{norm}(t)$ ——内蒙古河段在时段 t 的标准农业灌溉引黄流量；

$W_{NX}(t)$ ——宁夏河段在时段 t 的农业灌溉引黄流量；

$W_{IM}(t)$ ——内蒙古河段在时段 t 的农业灌溉引黄流量；

$Q_{TDG}^{norm}(t)$ ——头道拐断面在时段 t 的标准流量；

$Q_{TDG}(t)$ ——头道拐断面在时段 t 的流量，$Q_{TDG}(t)$ 既可以大于 $Q_{TDG}^{norm}(t)$ 也可以小于 $Q_{TDG}^{norm}(t)$。

约束条件包括：

1)引退水比例关系。

$$D_{NX}^{norm}(t)=\alpha(t)\cdot W_{NX}^{norm}(t) \qquad (\forall t) \tag{6-9}$$

$$D_{NX}(t)=\alpha(t)\cdot W_{NX}(t) \qquad (\forall t) \tag{6-10}$$

$$D_{IM}^{norm}(t)=\beta(t)\cdot W_{IM}^{norm}(t) \qquad (\forall t) \tag{6-11}$$

$$D_{IM}(t)=\beta(t)\cdot W_{IM}(t) \qquad (\forall t) \tag{6-12}$$

式中：$D_{NX}^{norm}(t)$ ——宁夏灌区在时段 t 的标准农业灌溉退黄流量；

$D_{IM}^{norm}(t)$ ——内蒙古灌区在时段 t 的标准农业灌溉退黄流量；

$D_{NX}(t)$ ——宁夏灌区在时段 t 的农业灌溉退黄流量；

$D_{IM}(t)$ ——内蒙古灌区在时段 t 的农业灌溉退黄流量；

$\alpha(t)$ ——宁夏灌区引退水的比例系数，$0\leqslant\alpha(t)\leqslant 1$；

$\beta(t)$ ——内蒙古灌区引退水的比例系数，$0\leqslant\beta(t)\leqslant 1$。

需要说明的是，由于种植结构复杂、多水源利用以及气象条件变化等因素影响，实际上宁夏灌区和内蒙古灌区引退水关系较为复杂。通过历史观测资料发现，不同时段的引退水关系存在差异，但是总体上符合“大引大排”的特点，因此这里引退水关系采用线性比例关系假设，且引退水比例系数逐时段变化。另外，本研究为水资源中长期优化配置，不考虑引水与退水的时间差。

2)水库水量平衡约束。

$$S_i(t+1)=S_i(t)+I_i(t)\cdot\Delta t-R_i(t)\cdot\Delta t-EV_i(t) \qquad (\forall i,\forall t) \tag{6-13}$$

式中：i ——水库索引，$i\in[1,n]$，$n=22$；

$S_i(t)$ ——水库 i 在时段 t 初的库容；

$S_i(t+1)$ ——水库 i 在时段 t 末的库容；

$I_i(t)$ ——水库 i 在时段 t 的入库流量；

$R_i(t)$ ——水库 i 在时段 t 的下泄流量；

Δt ——时段长；

$EV_i(t)$ ——水库 i 在时段 t 的蒸发量。

需要说明的是，本研究为水资源中长期优化配置，不考虑水流传播的时滞影响。

3)水库初始和终止库容约束。

$$S_i(1)=S_i^{initial} \qquad (\forall i) \tag{6-14}$$

$$S_i(T+1)=S_i^{final} \qquad (\forall i) \tag{6-15}$$

式中：$S_i^{initial}$ ——水库 i 在调度期初的库容；

S_i^{final} ——水库 i 在调度期末的期望库容。

4)水库库容约束。

$$S_i^{\min}(t+1)\leqslant S_i(t+1)\leqslant S_i^{\max}(t+1) \qquad (\forall i,\forall t) \tag{6-16}$$

式中：$S_i^{\max}(t+1)$ ——水库 i 在时段 t 末的最大库容；

$S_i^{\min}(t+1)$ ——水库 i 在时段 t 末的最小库容。

5)水库下泄流量约束。

$$R_i^{\min}(t)\leqslant R_i(t)\leqslant R_i^{\max}(t) \qquad (\forall i,\forall t) \tag{6-17}$$

式中：$R_i^{\max}(t)$ ——水库 i 在时段 t 的最大下泄流量；

$R_i^{\min}(t)$ ——水库 i 在时段 t 的最小下泄流量。

6)青铜峡水库下游河段水量平衡约束。

$$Q_{SZS}(t)=R_{22}(t)+I_{NX}(t)-[W_{NX}(t)+W'_{NX}(t)]+[D_{NX}(t)+D'_{NX}(t)]+U_{NX}(t)(\forall t) \tag{6-18}$$

$$Q_{TDG}(t)=Q_{SZS}(t)+I_{IM}(t)-[W_{IM}(t)+W'_{IM}(t)]+[D_{IM}(t)+D'_{IM}(t)]+U_{IM}(t)(\forall t) \tag{6-19}$$

$$R_{22}(t)\geqslant W_{NM}(t)+W'_{NM}(t) \qquad (\forall t) \tag{6-20}$$

$$Q_{SZS}(t)\geqslant W_{IM}(t)+W'_{IM}(t) \qquad (\forall t) \tag{6-21}$$

式中：$R_{22}(t)$ ——黄河上游梯级中位于最下游的青铜峡水库在时段 t 的下泄流量；

$Q_{SZS}(t)$ ——石嘴山断面(宁夏和内蒙古交界处代表断面)在时段 t 的流量；

$I_{NX}(t)$ ——宁夏河段在时段 t 的区间入汇流量；

$I_{IM}(t)$——内蒙古河段在时段 t 的区间入汇流量；

$W_{NX}(t)$——宁夏河段在时段 t 的农业灌溉引黄流量；

$W_{IM}(t)$——内蒙古河段在时段 t 的农业灌溉引黄流量；

$W'_{NX}(t)$——宁夏河段在时段 t 的非农业用水引黄流量；

$W'_{IM}(t)$——内蒙古河段在时段 t 的非农业用水引黄流量；

$D_{NX}(t)$——宁夏河段在时段 t 的农业灌溉退黄流量；

$D_{IM}(t)$——内蒙古河段在时段 t 的农业灌溉退黄流量；

$D'_{NX}(t)$——宁夏河段在时段 t 的非农业用水退黄流量；

$D'_{IM}(t)$——内蒙古河段在时段 t 的非农业用水退黄流量；

$U_{NX}(t)$——宁夏河段在时段 t 的不平衡流量；

$U_{IM}(t)$——内蒙古河段在时段 t 的不平衡流量。

需要说明的是，式(6-20)、式(6-21)表示受水区的总引黄流量不超过所在河段入口处的流量。

7)主要控制断面约束。

$$Q_{LZ}^{\min}(t) \leqslant Q_{LZ}(t) \leqslant Q_{LZ}^{\max}(t) \qquad (\forall t) \tag{6-22}$$

$$Q_{TDG}(t) \geqslant Q_{TDG}^{\min}(t) \qquad (\forall t) \tag{6-23}$$

式中：$Q_{LZ}(t)$—— 兰州断面在时段 t 的流量；

$Q_{LZ}^{\max}(t)$——兰州断面在时段 t 为满足防洪或防凌目标的最大流量；

$Q_{LZ}^{\min}(t)$——兰州断面在时段 t 为满足防凌目标和黄河中下游生态、输沙、供水目标的最小流量；

$Q_{TDG}^{\min}(t)$——头道拐断面在时段 t 为满足黄河中下游生态、输沙、供水目标的最小流量。

(3)发电效益

在不考虑分时电价的情况下，为提高黄河上游梯级发电效益，应尽可能增加系统发电量，因而有：

$$\max \sum_{t=1}^{T} \sum_{i=1}^{n} E_i(t) \tag{6-24}$$

其中

$$E_i(t) = N_i(t) \cdot \Delta t = K_i(t) \cdot R'_i(t) \cdot H_i(t) \cdot \Delta t \qquad (\forall i, \forall t) \tag{6-25}$$

$$R_i(t) = R'_i(t) + R''_i(t) \qquad (\forall i, \forall t) \tag{6-26}$$

$$H_i(t) = HF_i(t) - HT_i(t) - HL_i(t) \qquad (\forall i, \forall t) \tag{6-27}$$

$$HF_i(t)=a_{0,i}+a_{1,i}\cdot \bar{S}_i(t)+a_{2,i}\cdot \bar{S}_i^2(t) \qquad (\forall i,\forall t) \tag{6-28}$$

$$\bar{S}_i(t)=[S_i(t)+S_i(t+1)]/2 \qquad (\forall i,\forall t) \tag{6-29}$$

$$HT_i(t)=b_{0,i}+b_{1,i}\cdot R_i(t)+b_{2,i}\cdot R_i^2(t) \qquad (\forall i,\forall t) \tag{6-30}$$

式中：$E_i(t)$——水库 i 的电站在时段 t 的发电量；

$N_i(t)$——水库 i 的电站在时段 t 的出力；

$K_i(t)$——水库 i 的电站在时段 t 的出力系数；

$R'_i(t)$——水库 i 的电站在时段 t 的发电流量；

$R''_i(t)$——水库 i 的电站在时段 t 的非发电流量；

$H_i(t)$——水库 i 的电站在时段 t 的平均水头；

$HF_i(t)$——水库 i 的电站在时段 t 的坝前平均水位；

$HT_i(t)$——水库 i 的电站在时段 t 的坝后平均水位；

$HL_i(t)$——水库 i 的电站在时段 t 的平均水头损失；

$\bar{S}_i(t)$——水库 i 在时段 t 的平均库容；

$a_{0,i}$、$a_{1,i}$、$a_{2,i}$——采用二次多项式拟合的水库 i 的坝前水位—库容关系曲线的各项系数；

$b_{0,i}$、$b_{1,i}$、$b_{2,i}$——采用二次多项式拟合的水库 i 的坝后水位—下泄流量关系曲线的各项系数。

水电站发电流量和出力约束可表示为：

1)发电流量约束。

$$R_i'^{\min}(t)\leqslant R'_i(t)\leqslant R_i'^{\max}(t) \qquad (\forall i,\forall t) \tag{6-31}$$

式中：$R_i'^{\max}(t)$——水库 i 的电站在时段 t 的最大发电流量；

$R_i'^{\min}(t)$——水库 i 的电站在时段 t 的最小发电流量。

2)出力约束。

$$N_i^{\min}(t)\leqslant N_i(t)\leqslant N_i^{\max}(t) \qquad (\forall i,\forall t) \tag{6-32}$$

式中：$N_i^{\max}(t)$——水库 i 的电站在时段 t 的最大出力；

$N_i^{\min}(t)$——水库 i 的电站在时段 t 的最小出力。

6.2.3 等效转化

由于黄河流域水量调度遵循电调服从水调的原则，可采用 ε 约束法将多目标问题转化为单目标问题，这里将衡量宁蒙灌区粮食生产和黄河中下游供水满足程度的综合缺水指数作为优化目标，将发电目标转化为约束形式，即式(6-24)转化为：

$$\sum_{t=1}^{T}\sum_{i=1}^{n}E_i(t)\geqslant E^{\min}+\sigma\cdot\Delta E \tag{6-33}$$

式中：$E^{\min}$ ——梯级水库系统最小发电量；

ΔE ——梯级水库系统发电量增量；

σ ——整数常数，$\sigma=0,1,2,\cdots$ 。

在上述数学模型中，供水和产粮效益计算模块，包含式(6-1)至式(6-23)，它是由目标函数为最小化二次函数(即凸函数)、约束条件为线性组合(即凸集)组成的凸优化问题，可采用二次规划(Quadratic Programming，QP)求解，理论上可保证解的全局最优性。供水、产粮和发电效益计算模块，即水资源—能源—粮食纽带多目标优化模型，包含式(6-1)至式(6-23)、式(6-25)至式(6-33)，通过非线性规划求解模型在不同 σ 时的目标函数值，即可得到多目标优化问题的帕累托非劣解集。

6.3　计算设置

6.3.1　宁蒙灌区引黄灌溉流量

灌溉需水计算应考虑作物种植结构、种植面积、灌溉制度、灌溉定额、气象土壤条件以及灌溉水利用系数等因素。彭少明等(2017)研究了黄河流域主要灌区需水量与干旱之间的关系，通过关联分析发现，宁蒙灌区(以青铜峡灌区和河套灌区为例)有效降水少，灌溉需水受气象要素波动影响小。2000 年以来，宁蒙灌区已基本形成较为稳定的种植结构和灌溉制度，尽管近年来以油葵为主的经济作物种植比例上升，但由于经济作物本身耗水较少，对于灌溉引水影响不大。

根据统计资料，宁蒙灌区 2000—2009 年引黄灌溉水量过程如图 6.2 所示。

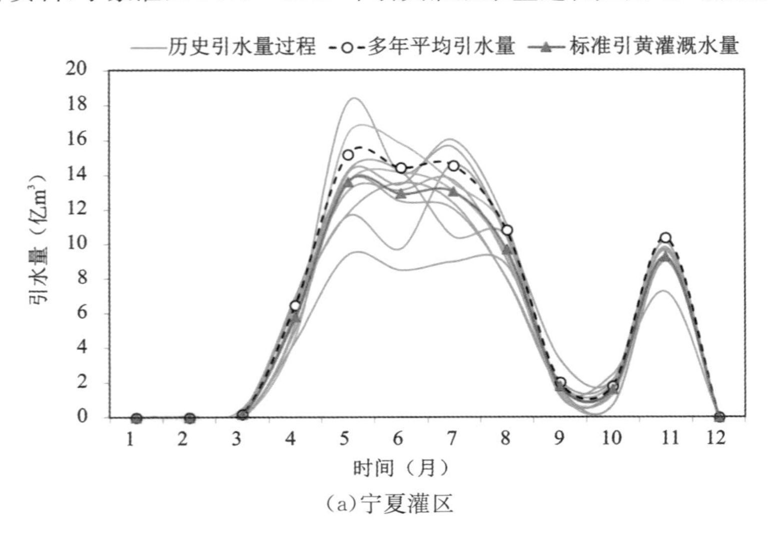

(a)宁夏灌区

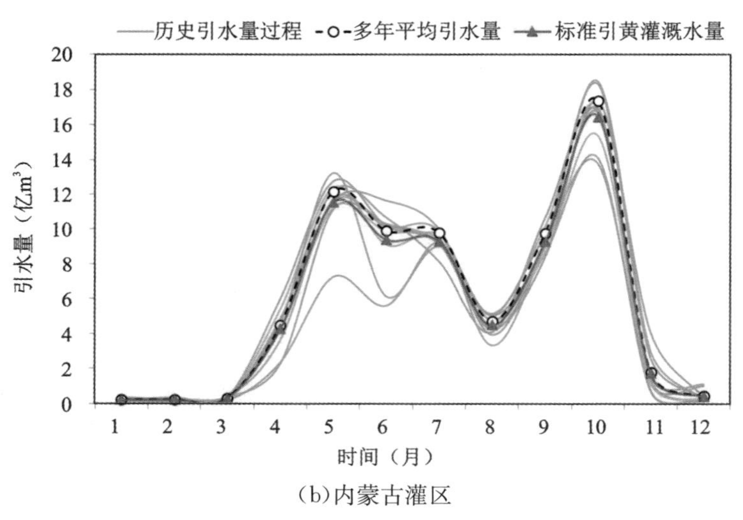

(b)内蒙古灌区

图 6.2 宁蒙灌区 2000—2009 年引黄灌溉水量过程

需要说明的是，灌区引黄用水不仅包含灌溉用水，还包含部分林牧渔畜等用水，由于该部分用水所占比例较小，此处不再细分，统一作为农业灌溉引黄河水量。从过程上来看，宁夏灌区和内蒙古灌区年内均有两次引水过程，即一次夏灌引水过程（主要用于作物生长）和一次秋浇或冬灌引水过程（主要用于洗盐压碱和储水保墒）。对于第一次引水过程，两灌区开始引水时间较为同步，均从 4 月起引水量迅速攀升，5 月达到引水高峰，而后 6 月小幅降低，7 月再次增加，出现较小峰值后再迅速回落。对于第二次引水过程，两灌区引水时间不再同步，内蒙古灌区较为提前，9 月引水开始增加，10 月达到最大，而宁夏灌区则主要集中于 11 月引水。两灌区停灌期均为 12 月至次年 3 月。从量值上来看，宁夏灌区 4—9 月夏灌引水总量多年平均为 56.8 亿 m^3（约占总灌溉水量的 84%），10—11 月秋浇引水总量多年平均为10.9 亿 m^3（约占总灌溉水量的 16%）。内蒙古灌区 4—8 月夏灌引水总量多年平均为 39.0 亿 m^3（约占总灌溉水量的 59%），9—11 月秋浇引水总量多年平均为 27.4 亿 m^3（约占总灌溉水量的 41%）。

鉴于可收集到的资料里未记载关于宁蒙灌区引黄用水指标的相关规定，因此这里以黄河“八七”分水方案规定的各省（自治区）年可供水量作为依据，并根据灌区历史实际的引耗水过程进行同比例缩放，进而确定宁夏灌区、内蒙古灌区标准引黄灌溉水量的月度分配过程。如图 6.2 所示，圆圈虚线为灌区多年平均引水过程线，三角实线为根据分水方案总量与历史实际多年平均引水量的比例对多年平均引水过程线进行同倍比缩放得到的逐月灌区引水过程线，将水量转换为流量即为式(6-3)和式(6-4)中的宁夏灌区、内蒙古灌区标准农业灌溉引黄流量 $W_{NX}^{norm}(t)$ 和 $W_{IM}^{norm}(t)$ 。需要说明的是，该流量过程仅作为衡量作物需水亏缺程度的相对标准。

6.3.2　头道拐断面下泄流量

由于 2000—2010 年黄河中下游未发生断流事件，可以认为该期间头道拐断面流量过程能够满足中下游河道用水要求，设置式(6-5)中头道拐断面需水流量过程 $TD_3(t)$ 为该断面的历史实际流量过程。另外，根据《黄河流域综合规划(2012—2030)》(水利部黄河水利委员会，2013)，综合考虑黄河流域经济社会发展和生态环境用水要求，设置头道拐断面最小生态流量 $Q_{TDG}^{\min}(t)=250\text{m}^3/\text{s}$。

6.3.3　水量平衡修正

为保证青铜峡水库下游河段水量平衡，使优化计算结果与历史调度过程具有可比性，需要在式(6-18)、式(6-19)中引入不平衡流量 $U_{NX}(t)$、$U_{IM}(t)$ 作为修正。不平衡流量主要包括河段凌汛期封河、开河过程中的槽蓄水量变化、蒸发渗漏损失以及未监测的引水流量等因素，同时还包括受现有数据资料限制导致的计算误差。

不平衡流量计算方法为：从青铜峡水库下游断面起，依次按照河段水量平衡方程扣除已知来水、引水、退水项，向下游断面递推，依次得到石嘴山、头道拐断面计算流量，并与石嘴山、头道拐实际流量对比，即可得青铜峡—石嘴山(即宁夏河段)、石嘴山—头道拐(即内蒙古河段)区间不平衡流量 $U_{NX}(t)$ 和 $U_{IM}(t)$，两区间总不平衡流量如图 6.3 所示。

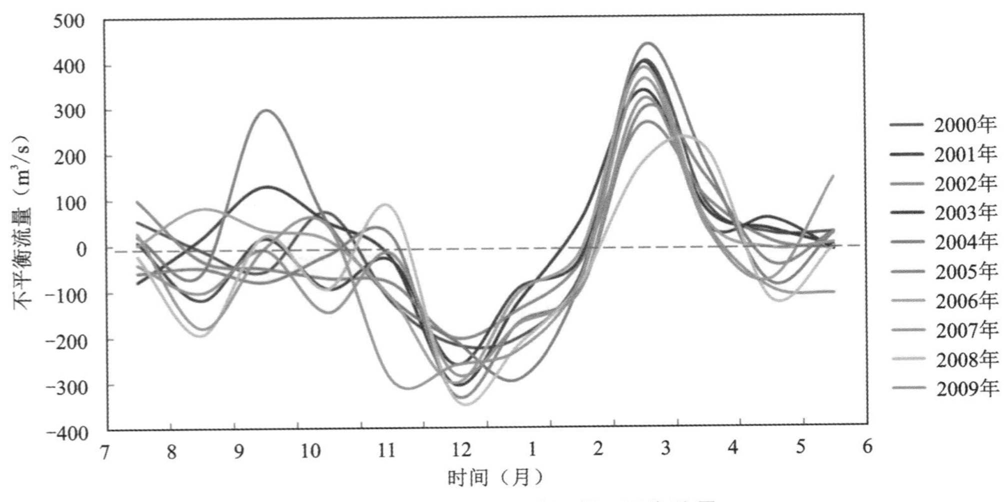

图 6.3　青铜峡水库下游河段不平衡流量

从图 6.3 可以看出，11 月至次年 3 月不平衡流量较大，且每年不平衡流量均呈先负后正的变化规律，这主要来源于该河段凌汛期(11 月至次年 3 月)封河、开河过程中的槽蓄水量变化。每年 11 月气温下降，河道出现流凌现象；而后河道逐渐封冻导致过流能力降低，水流阻塞在河道内，形成槽蓄水增量；直至次年 3 月解冻开河，槽蓄水量集中释放，形成凌峰流量。其余月份不平衡流量基本在 0 值上下波动。

6.3.4 其他参数设置

(1)径流输入

采用 2000 年 7 月至 2010 年 6 月 10 个水文年的长序列径流数据作为输入条件,以月为时间步长,共计 120 个时段。根据唐乃亥站径流量以及龙羊峡、刘家峡、青铜峡水库的入库和出库流量的观测值,利用控制流域面积比的方法推求其他水库区间入汇流量。

(2)各水库初始和终止水位

考虑龙羊峡、刘家峡水库为可调节水库,其他水库由于调节库容相对较小可以考虑为不可调节水库。龙羊峡、刘家峡水库的初始和终止水位与历史实际调度水位相同,因而计算期内的总下泄水量与历史实际调度相同;其他水库初始和终止水位均取正常蓄水位。龙羊峡、刘家峡水库坝前水位控制的调度规程参见第 5 章。

(3)各水库下泄流量

各水库最小下泄流量应满足水库下游河道生态需水要求。各水库最大下泄流量按照设计洪水位对应的下泄流量控制。特别地,刘家峡水库最小下泄流量应满足兰州断面供水期和凌汛期最小流量要求;刘家峡水库最大下泄流量应保证兰州断面防洪、防凌安全,流量控泄要求参见第 5 章。

(4)重要断面流量

需要说明的是,与第 5 章中兰州断面为系统下边界条件不同,本章研究的是整个黄河上游的水量分配方案。满足兰州以下断面供需平衡不再是硬约束,因此仅设置兰州断面凌期(11 月至次年 3 月)保障防凌安全的最小流量约束,而不再设置兰州断面供水期(4—10 月)最小流量约束。

(5)非农业灌溉用水

各省(自治区)工业和生活等非农业灌溉用水按历史值设置,在水库区间水量平衡约束中(式(6-13))考虑在区间入汇项中;在宁蒙河段水量平衡约束中(式(6-18)和式(6-19))考虑在非农业用水引黄流量项中。

(6)受水区权重系数

鉴于头道拐断面对于保障黄河中下游用水具有重要意义,认为头道拐断面用水优先级应高于宁蒙灌区,这里设置 $\omega_1=\omega_2=1$, $\omega_3=10$。

6.4 优化结果

采用 LINGO 17.0 Beta 64-bit 进行数学建模和优化计算。水资源—能源—粮食纽带计算模型(NLP 问题)将发电效益计算模块(即式(6-25)至式(6-33))包含至供水和产粮效益计算模块(QP 问题,即式(6-1)至式(6-23)),引入了非凸性、非线性等复杂特征,导致优化问题存在多个局部极值点。采用 LINGO 的全局搜索算法 Multi-start 求解器计算，它基于广义既约梯度法(Lasdon et al.,1978)，通过智能选择不同起始点(这里设置为5)，从每个起始点出发搜索对应的局部最优解，然后比较并返回最佳的局部最优解。经前期工作证明，Multi-start 求解器对于类似计算复杂度的问题求解时能够保证结果的全局最优性(Si et al.,2018; Huang et al.,2019)。QP 模型和 NLP 模型的计算维数和内存需求如表6.1所示。

表6.1　QP 模型和 NLP 模型的计算维数和内存需求

模型	总变量数	非线性变量数	总约束数	非线性约束数	总非零数	非线性非零数	内存需求(K)
QP	30364	360	11907	3	35266	360	5474
NLP	30364	8760	25108	3123	62386	8760	6746

6.4.1 帕累托非劣解集

对于供水和产粮效益计算模型(QP 问题)，全局最优的综合缺水指数为0.895。对于水资源—能源—粮食纽带计算模型(NLP 问题)，以模拟计算得到的梯级水库计算期内的累计发电量结果(4292.10亿kW·h)作为梯级水库最小发电量(即式(6-33)中的 E^{min})进行试算，得出梯级水库累计发电量为4304.60亿kW·h，综合缺水指数为0.895。NLP 问题与 QP 问题的综合缺水指数计算结果一致，表明 LINGO 的 Multi-start 求解器对 NLP 问题具有全局寻优能力，将该情景记为S1。令式(6-33)中梯级水库系统发电量增量 $\Delta=12.5$ 亿kW·h，依次变化 $\sigma=1,2,\cdots$，计算得到不同梯级水库系统发电量下的综合缺水指数，将这些情景分别记为S2～S10。至 $\sigma=11$ 时，模型无可行解。优化结果如表6.2所示。

表6.2　不同情景下的计算结果

情景		解状态	SI_1	SI_2	SI_3	$\sum\omega_j \cdot SI_j$	发电量(亿kW·h)		
							龙羊峡	刘家峡	梯级系统
历史模拟		—	6.1796	5.0839	0	11.2634	457.82	493.94	4292.10
QP		全局	0.2785	0.4483	0.0168	0.8952	—	—	—
NLP	S1	局部	0.2785	0.4484	0.0168	0.8952	439.41	525.28	4304.60
	S2	局部	0.2803	0.4519	0.0164	0.8966	440.78	527.15	4317.10
	S3	局部	0.3084	0.5005	0.0152	0.9608	450.97	529.49	4329.60
	S4	局部	0.4234	0.6627	0.0200	1.2864	462.05	530.82	4342.10
	S5	局部	0.6428	0.9791	0.0306	1.9278	474.17	531.03	4354.60
	S6	局部	0.9417	1.4235	0.0441	2.8064	486.90	531.04	4367.10
	S7	局部	1.3782	2.0865	0.0616	4.0812	500.10	530.71	4379.60
	S8	局部	1.9978	3.0738	0.0836	5.9080	513.06	530.40	4392.10
	S9	局部	3.0548	4.4573	0.1192	8.7037	525.78	530.34	4404.60
	S10	局部	7.1258	7.6647	0.3852	18.6422	537.92	530.28	4417.10
	S11	无解	—	—	—	—	—	—	—

梯级水库系统发电量和综合缺水指数的帕累托非劣解集如图 6.4 所示。

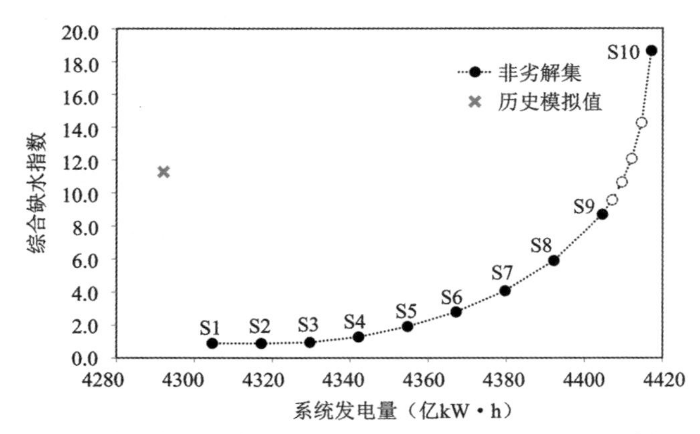

图 6.4　梯级水库系统发电量和综合缺水指数的帕累托非劣解集

从图 6.4 可以看出，两者之间存在明显的竞争关系。当系统发电量从 4304.6 亿 kW·h 增加至 4342.1 亿 kW·h，综合缺水指数无显著影响；随着系统发电量的进一步增加，综合缺水指数变化梯度逐渐增加，当系统发电量超过 4404.6 亿 kW·h 后，综合缺水指数对于系统发电量的增加非常敏感，至 4417.1 亿 kW·h 时，综合缺水指数达到 18.64，超过历史模拟情景的综合缺水指数 11.26；S1～S9 情景下两个目标的计算结果均优于历史模拟情景，即对历史模拟情景完全支配。由此可知，对于 2000—2010 年来水条件，在宁蒙灌区现行灌溉制度下，通过梯级水库调度与灌区引退水的协同优化运行，可以在受水区缺水程度不高于历史运行水平的条件下，梯级水库系统发电量最大可达 4410.0 亿 kW·h，较历史模拟情景提高了 2.75%；如进一步提高系统发电量，缺水程度将超过历史模拟情景。比较各受水区的缺水指数可以发现，由于头道拐断面的用水权重较大，其缺水指数 SI_3 最小，其次为宁夏灌区缺水指数 SI_1，内蒙古灌区缺水指数 SI_2 最高。当总发电量超过 4404.6 亿 kW·h，总缺水指数的大幅提高主要来源于宁夏灌区缺水指数的大幅增加。将各情景下黄河上游梯级水库系统发电量以及宁夏灌区、内蒙古灌区、头道拐断面缺水指数做归一化处理，得到四维雷达图如图 6.5所示。可以看出，由外及内，S10～S1 情景的四维分布呈递进规律变化。

6.4.2　龙羊峡、刘家峡水库坝前水位

不同情景下龙羊峡、刘家峡水库坝前水位如图 6.6 所示。可以看出，对于龙羊峡水库，当目标偏好保障下游灌溉、供水时（如情景 S2、S4、S6），龙羊峡水库由于初始水位较低和前期来水较少，调度初期水位显著降低，之后随着来水增加得以蓄高水位；当目标偏好增发电量时，调度期内龙羊峡水位一直维持在相对较高的水平。对于刘家峡水库，当供水满足程度改变时，除在情景 S2 中 2003 年刘家峡水库坝前水位发生大幅跌落以外（由于龙羊峡水库坝前水位已接近死水位，无水可用，必须由刘家峡水库进行补水），其余时段刘家峡水库运行方式无明显变化。由此可见，黄河流域上游水资源—能源—粮食纽带系统综合效益的发挥主要取决于龙羊峡水库的科学优化调度。

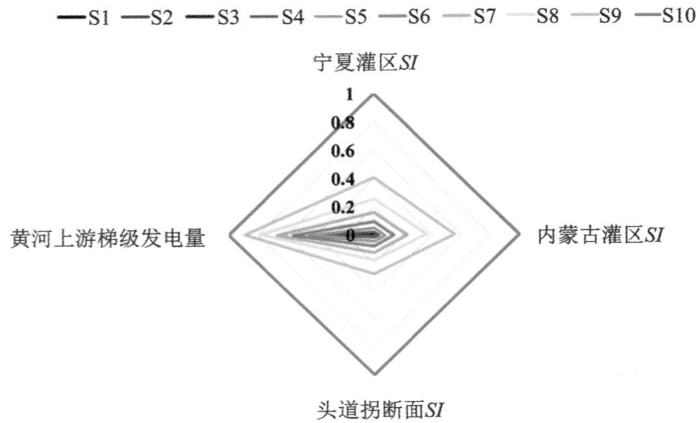

图 6.5　四维雷达图

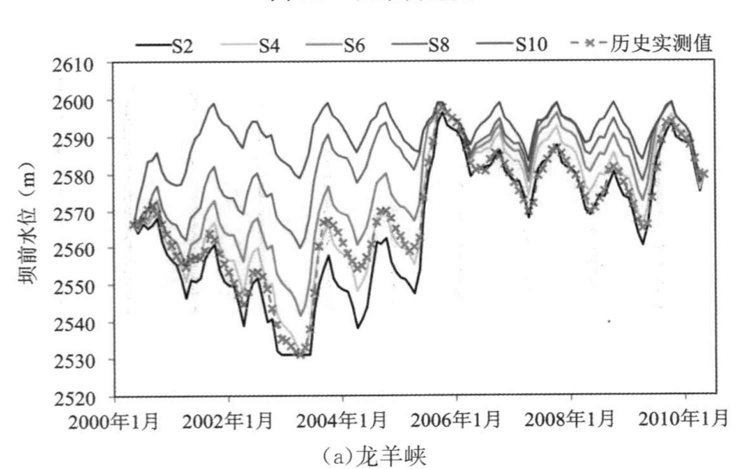

(a)龙羊峡

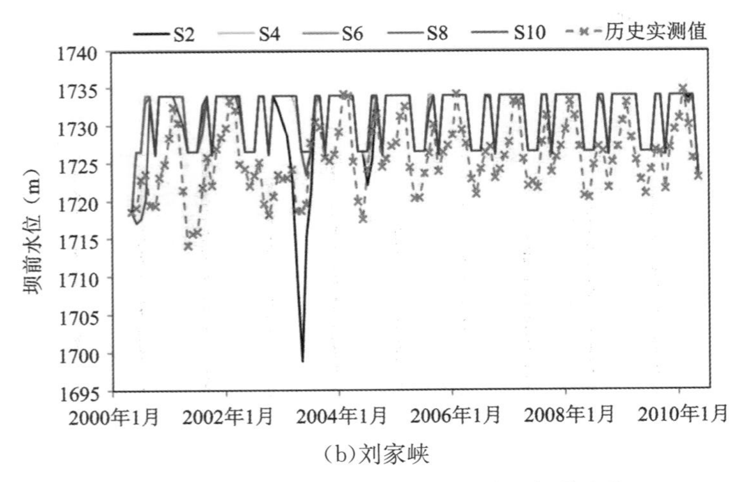

(b)刘家峡

图 6.6　不同情景下龙羊峡、刘家峡水库坝前水位

6.4.3　梯级系统发电量

不同情景下龙羊峡、刘家峡水库以及梯级水库系统的发电量如图 6.7 所示。可以看出，

S1～S10 情景，梯级水库系统发电量提高了 112.5 亿 kW·h，其中98.5 亿 kW·h的增量来自龙羊峡水库，5.0 亿 kW·h 的增量来自刘家峡水库，其余电量变化来自可调节水库下泄流量过程改变引起的不可调节水库弃水时段和弃水流量变化。由此可见，梯级水库系统发电量的增加主要来源于龙羊峡水库，当发电目标和灌溉、供水目标偏好变化时，龙羊峡水库将采取不同的调度方式形成不同的泄流过程，使水量不仅在年内重新分配，并且在年际间有所调整，而刘家峡及其他水库则影响不大。也就是说，提高下游灌溉、供水保证率的代价主要是损失龙羊峡水库的发电量，其他水库的发电量受影响较小。

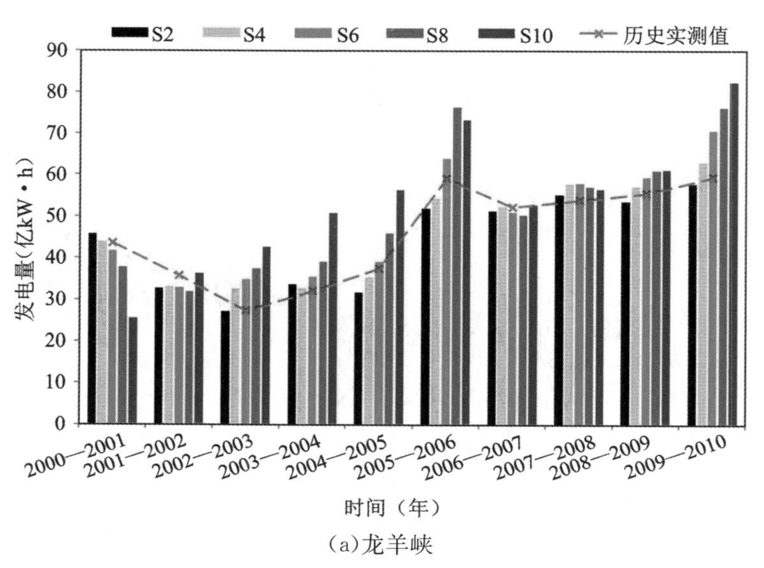

(a)龙羊峡

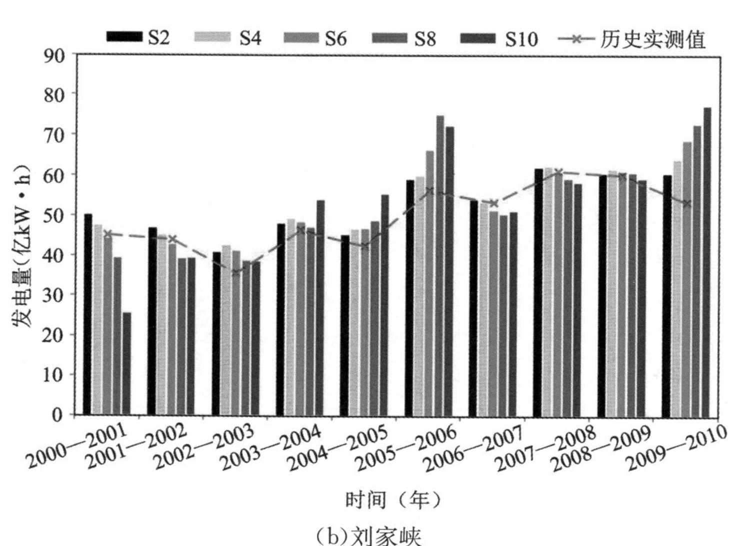

(b)刘家峡

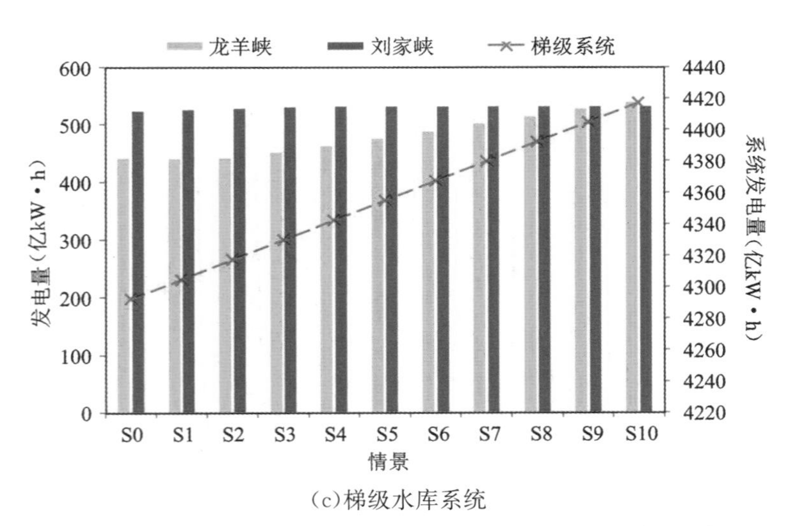

(c)梯级水库系统

图 6.7　不同情景下龙羊峡、刘家峡水库以及梯级水库系统的发电量

6.4.4　宁蒙灌区引退水

不同情景下历年综合缺水指数如图 6.8 所示，不同情景下宁蒙灌区引水流量如图 6.9 所示，不同情景下宁蒙灌区退水流量如图 6.10 所示。可以看出，当目标偏好逐渐倾向增发电量时，灌溉供水逐渐出现亏缺；亏缺首先发生在来水特枯的年份，如 2001—2003 年。其中，2001 年来水量比 2002 年和 2003 年的多，但亏缺程度总是最高的，这是由调度初期龙羊峡水库坝前水位较低所致；当发电量进一步增加，各年份亏缺程度均有所增加，其他来水偏枯年份也开始出现不同程度的亏缺，如 2005—2007 年。

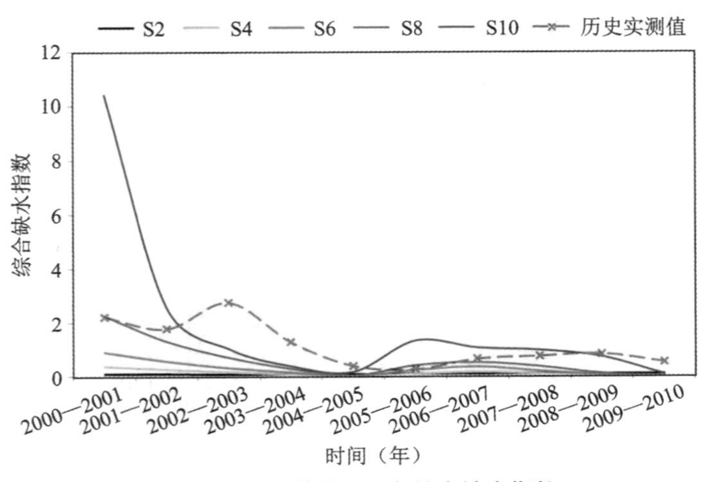

图 6.8　不同情景下历年综合缺水指数

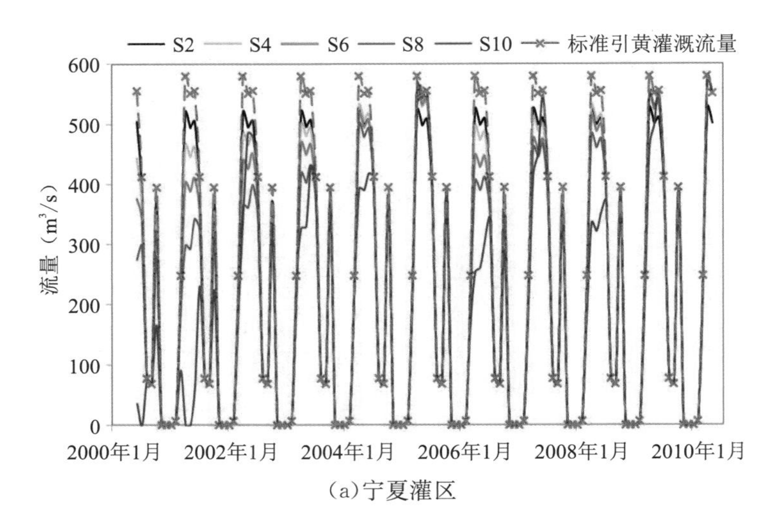

(a)宁夏灌区

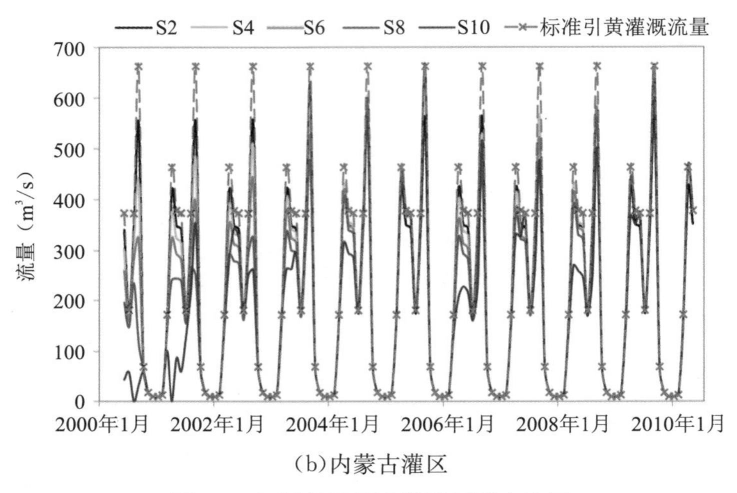

(b)内蒙古灌区

图 6.9　不同情景下宁蒙灌区引水流量

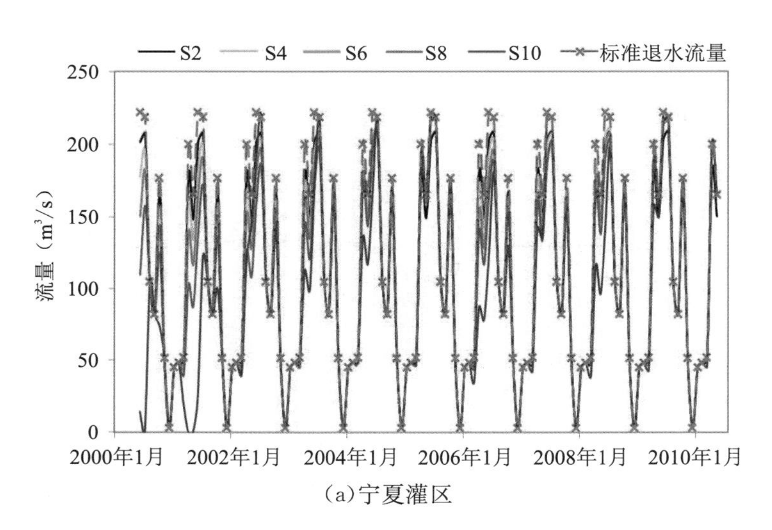

(a)宁夏灌区

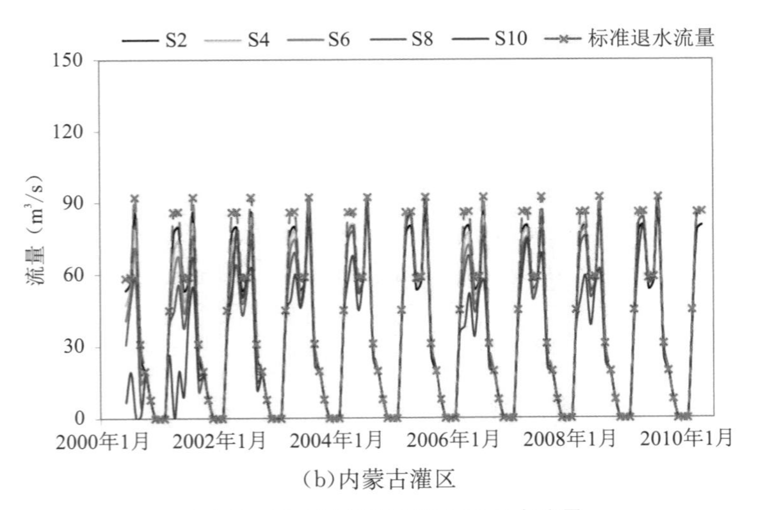

(b)内蒙古灌区

图 6.10　不同情景下宁蒙灌区退水流量

6.4.5　头道拐断面流量

不同情景下头道拐断面流量过程如图 6.11 所示。可以看出，由于在优化模型中设置了头道拐断面最小生态流量约束（$Q_{TDG}^{min}(t)=250\text{m}^3/\text{s}$），优化得到的生态流量保证率达到100%，大于历史模拟情景 86.7%；当目标偏好逐渐倾向增发电量时，优化得到的头道拐断面流量过程与历史流量过程偏离越大，头道拐断面总下泄水量逐渐增加。在本研究中，可调节水库龙羊峡、刘家峡的初始和终止坝前水位设置均与历史实测值相同，因此可调节水库下泄流量过程虽有不同但下泄总水量相同。头道拐断面总下泄水量的增加来源于宁蒙灌区引退黄河水量的减少，也就是耗黄河水量的减少。由此说明当目标偏好变化后，可调节水库下泄流量在时程分配上不适宜宁蒙灌区增加引水而更加适宜梯级水库系统增发电量。

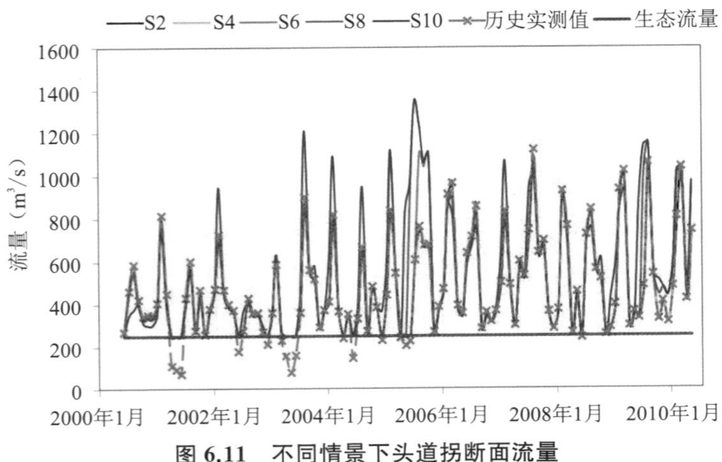

图 6.11　不同情景下头道拐断面流量

6.5 讨论

6.5.1 龙羊峡水库历史与优化调度结果对比

对比2000—2010年历史调度与不同优化情景下龙羊峡水库的坝前水位和发电过程，如图6.6和图6.7所示。可以看出，龙羊峡历史运行的水位过程总体上介于S2和S4优化情景之间，反映了龙羊峡水库调度决策中灌溉、供水目标优先级高于发电目标，符合黄河流域电调服从水调的基本原则。

对于2000—2010年来水情况，为提高黄河上游水资源—能源—粮食综合效益，龙羊峡水库应尽可能维持在高水位运行，这样虽然导致龙羊峡水库在调度初期枯水年下泄水量减少，造成下游一定程度缺水，但是从长期来看综合效益显著，包括提高水库发电效率、增加系统发电量以及保障调度后期供水效益使得在未来潜在极端枯水年不至于造成灾难性的缺水损失。

6.5.2 龙羊峡水库不同水位条件下结果对比

为探讨不同水位边界条件对黄河流域上游水资源—能源—粮食纽带关系的影响，设置龙羊峡水库初始和终止坝前水位一致，依次为2540m、2550m、2560m、2570m、2580m、2590m，刘家峡水库初始和终止坝前水位为汛期限制水位1726m，其他计算条件与6.3节相同。可以得到龙羊峡水库不同初始和终止坝前水位条件下梯级水库系统发电量与综合缺水指数的帕累托非劣解集，如图6.12(a)所示。可以看出，随着龙羊峡水库初始和终止坝前水位提高，帕累托非劣解集朝右下方偏移，呈递进规律变化。

龙羊峡水库初始和终止坝前水位与梯级水库系统发电量最大值（发电目标权重最高情景对应的梯级水库系统发电量）以及与综合缺水指数最小值（灌溉、供水目标权重最高情景对应的综合缺水指数）的关系如图6.12(b)所示。可以看出，在2000—2010年来水条件下，当龙羊峡水库初始和终止坝前水位为2540～2590m，梯级水库系统发电量最大值为4476亿～4507亿kW·h，综合缺水指数最小值为0.34～2.41；梯级水库系统发电量最大值与龙羊峡水库初始和终止坝前水位呈显著的线性正相关性（$y=0.6112x+2926.6$，$R^2=0.9587$）；综合缺水指数最小值与龙羊峡水库初始和终止坝前水位呈负相关，但线性相关性不显著（$y=-0.0243x+63.255$，$R^2=0.3341$）。

龙羊峡水库初始和终止坝前水位与宁夏灌区、内蒙古灌区、头道拐断面缺水指数最小值的关系如图6.12(c)所示。可以看出，宁夏灌区、内蒙古灌区、头道拐断面缺水指数最小值分别为0.10～0.80、0.17～1.31、0.01～0.03；由于头道拐断面用水优先级别高，其缺水指数最小，其次为宁夏灌区，内蒙古灌区缺水指数最高。总体上，随着龙羊峡水库初始和终止坝前水位提高，各受水区缺水指数最小值均有所减小，下降趋势由大到小依次为内蒙古灌区、宁夏灌区、头道拐断面。

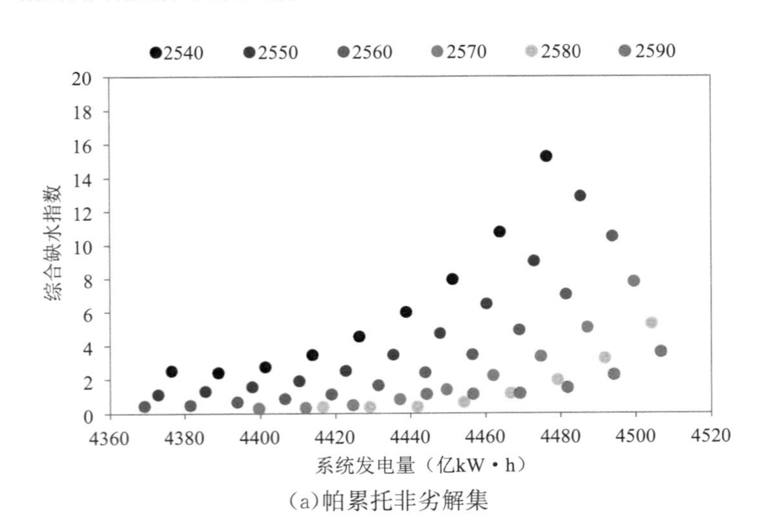

(a)帕累托非劣解集

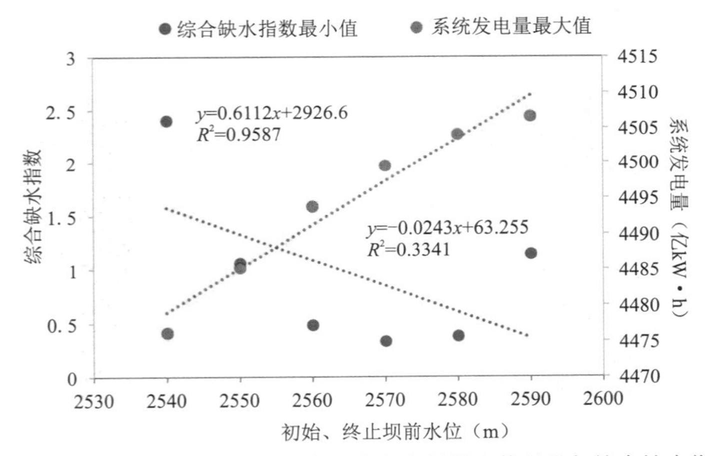

(b)龙羊峡水库初始和终止坝前水位与梯级水库系统发电量最大值以及与综合缺水指数最小值的关系

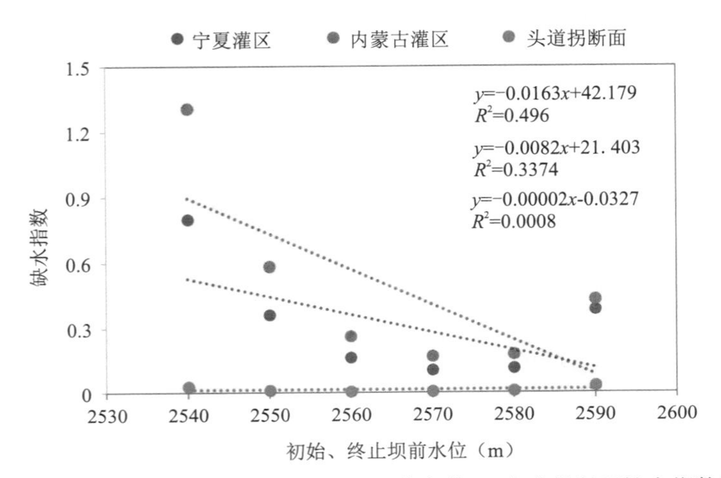

(c)龙羊峡水库初始和终止坝前水位与宁夏灌区、内蒙古灌区、头道拐断面缺水指数最小值的关系

图 6.12 龙羊峡水库不同初始和终止坝前水位条件下的计算结果

6.5.3 唐乃亥站不同来水条件下结果对比

为探讨不同流量边界条件对黄河流域上游水资源—能源—粮食纽带关系的影响，且为保证径流序列的时间和空间相关性符合实际规律，从历史径流长序列中提取连续的径流序列作为优化模型输入。根据第 3 章径流分析结果可知，黄河上游唐乃亥站径流量（系统输入）突变点发生在 1990 年附近。因此，以 10 年期作为滑动窗口，依次选取 1990—2000 年、1991—2001 年、…、2000—2010 年等 11 组连续 10 年的径流序列，每组径流序列对应的龙羊峡水库 10 年总来水量如图 6.13所示。

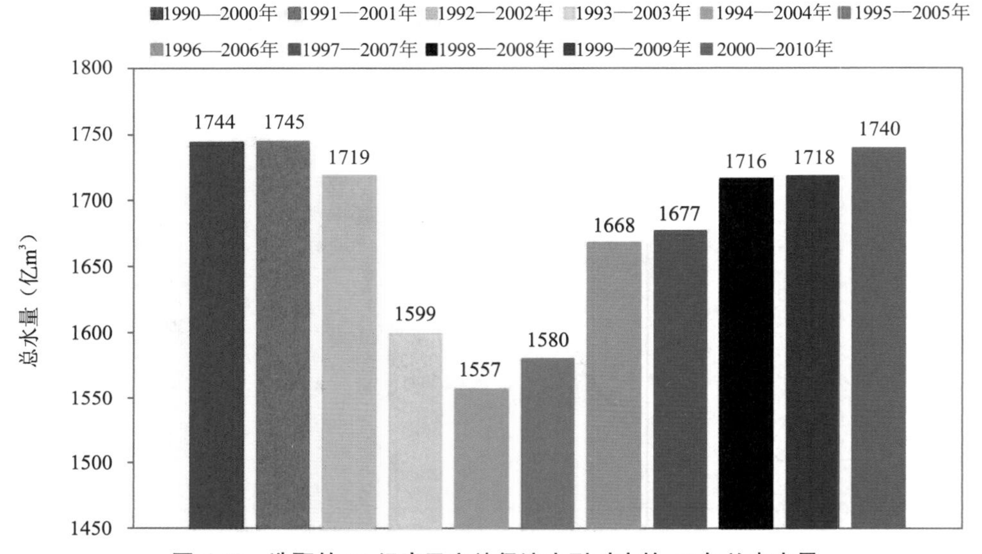

图 6.13　选取的 11 组唐乃亥站径流序列对应的 10 年总来水量

设置龙羊峡、刘家峡水库初始和终止坝前水位均为汛期限制水位（即 2594m 和 1726m），头道拐断面需水流量过程（系统输出）采用 1990—2010 年历史径流序列在各时段上的平均值，其他计算条件与 6.3 节相同。以不同历史径流序列作为模型输入，可以得到不同总来水量条件下，梯级水库系统发电量与综合缺水指数的帕累托非劣解集，如图 6.14(a)所示。

唐乃亥站总来水量与梯级水库系统发电量最大值以及与综合缺水指数最小值的关系如图 6.14(b)所示。可以看出，1990 年以来，以 10 年期作为滑动窗口，唐乃亥站总来水量为 1550 亿～1750 亿 m^3；梯级水库系统发电量最大值为 4043 亿～4517 亿 kW·h，综合缺水指数最小值为 0.50～29.41；梯级水库系统发电量最大值与唐乃亥站总来水量呈显著的线性正相关性（$y=2.4749x+187.64$，$R^2=0.9782$）；综合缺水指数最小值与唐乃亥站总来水量呈负相关，但线性相关性不显著（$y=-0.0758x+138.11$，$R^2=0.4388$），这是由于综合缺水指数最小值不仅与唐乃亥站总来水量相关，且与唐乃亥站来水过程相关。

唐乃亥站总来水量与宁夏灌区、内蒙古灌区、头道拐断面缺水指数最小值的关系如图6.14(c)所示。可以看出，宁夏灌区、内蒙古灌区、头道拐断面缺水指数最小值分别为0.17～7.72、0.23～11.00、0.01～1.07，由于头道拐断面用水优先级别高，其缺水指数最小，其次为宁夏灌区，内蒙古灌区缺水指数最高。总体上，随着唐乃亥站总来水量增加，各受水区缺水指数最小值均有所减小，下降趋势由大到小依次为内蒙古灌区、宁夏灌区、头道拐断面。

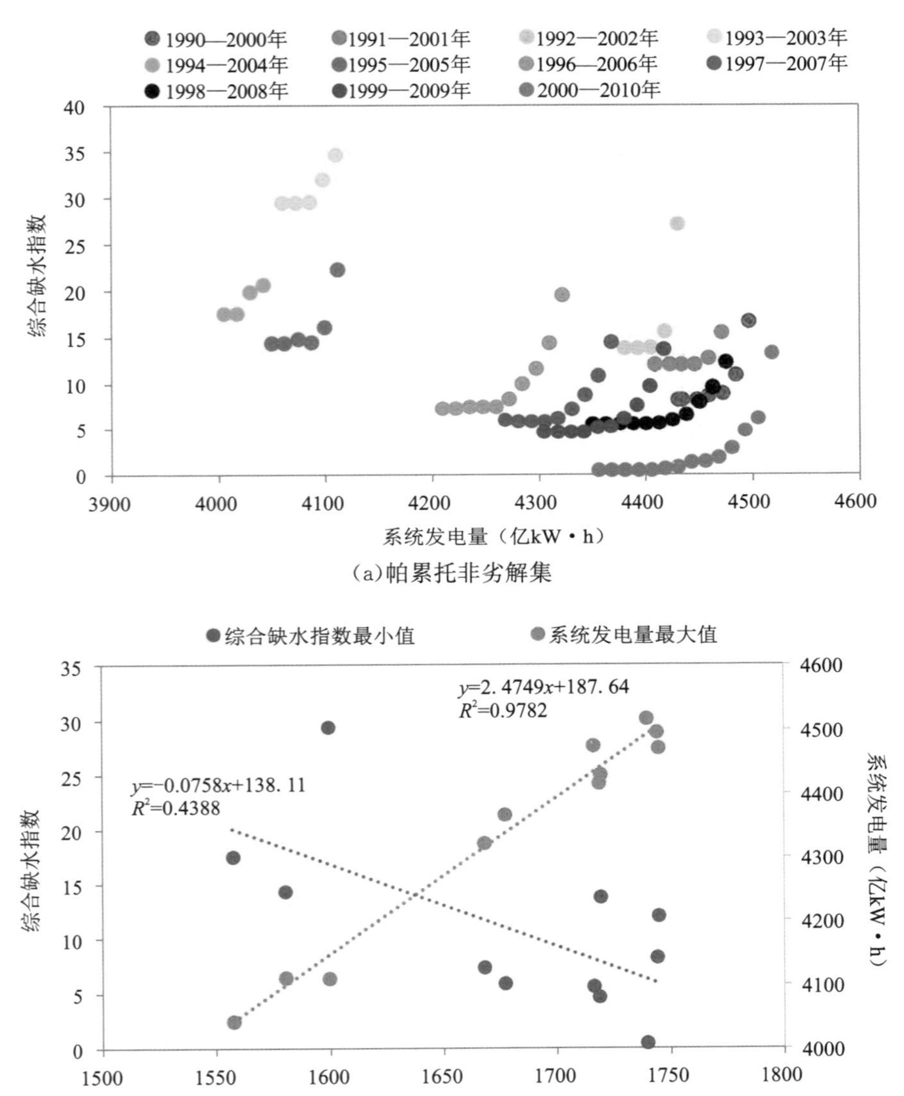

(a)帕累托非劣解集

(b)唐乃亥站总来水量与梯级水库系统发电量最大值以及与综合缺水指数最小值的关系

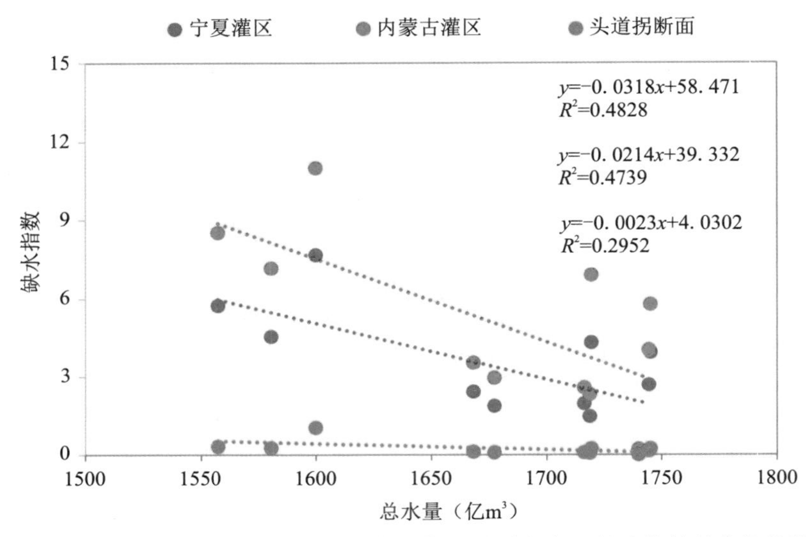

（c）唐乃亥站总来水量与宁夏灌区、内蒙古灌区、头道拐断面缺水指数最小值的关系

图 6.14　唐乃亥站不同来水条件下的计算结果

6.5.4　受水区权重系数敏感性分析

为探讨计算结果对式(6-1)中受水区(宁夏灌区、内蒙古灌区、头道拐断面)权重系数($\omega_1,\omega_2,\omega_3$)变化的敏感性，这里还计算和比较了不同权重系数组合下的结果。设置宁夏灌区和内蒙古灌区的权重系数 $\omega_1=\omega_2=1$，头道拐断面的权重系数 ω_3 依次为 2、4、6、8、10、20、40、60、80、100，其他计算条件与 6.3 节相同。不同权重系数组合情景下黄河上游梯级水库系统发电量与综合缺水指数的帕累托非劣解集如图 6.15 所示。

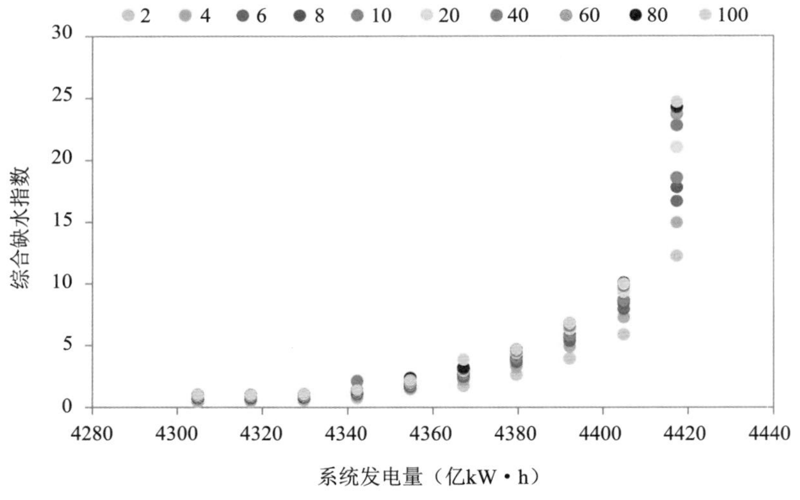

图 6.15　不同权重系数组合情景下的帕累托非劣解集

从图 6.15 可以看出，随着头道拐断面权重系数增加，帕累托非劣解集呈递进变化规律。

当头道拐断面权重系数较小时，帕累托非劣解集比较平缓且位于整簇曲线的下方；当头道拐断面权重系数较大时，帕累托非劣解集则变得陡峭且位于整簇曲线的上方。随着系统发电量值增加，不同权重系数组合情景下的综合缺水指数差异性增大。总体上，随着头道拐断面权重系数增加，宁夏灌区和内蒙古灌区缺水指数增加，而头道拐断面缺水指数减少。对比不同权重系数组合情景下龙羊峡、刘家峡水库坝前水位过程以及头道拐断面流量过程(结果从略)，发现结果差异并不大，这说明计算结果对于权重系数组合的变化并不敏感。

6.6 本章小结

黄河流域上游水资源利用综合效益的发挥需要通过联合优化运行梯级水库来得以实现。21世纪以来，黄河上游来水总体偏枯，水量调度、农业灌溉、电力生产矛盾尤为突出。为此，本章构建了黄河流域上游水资源—能源—粮食纽带系统多目标优化模型，统筹考虑了黄河上游梯级水库水能利用、黄河流域上游粮食主产区产粮(以宁夏灌区和内蒙古灌区缺水指数表征)、黄河流域中下游水资源供给(以上中游衔接处头道拐断面缺水指数表征)三重效益，采用LINGO的Multi-start求解器和ε约束法，开展多目标优化计算分析，定量识别了不同情景下黄河流域上游水资源—能源—粮食效益的互馈关系。取得的主要结论如下：

1)以2000—2010年历史径流序列作为模型输入，模拟计算得到实际运行的宁夏灌区缺水指数为6.18，内蒙古灌区缺水指数为5.08，梯级水库完全投入运行后的系统发电量为4292.1亿kW·h。优化计算得到黄河上游梯级水库系统发电量与主要受水区(宁夏灌区、内蒙古灌区、头道拐断面)缺水指数的帕累托非劣解集。继而量化了梯级水库联合优化运行下的发电效益提升空间，也就是在现行灌溉制度下，通过水库泄流与灌区引退水过程的协同优化，可以在受水区缺水程度不高于历史模拟情景下，梯级水库系统发电量增至4410.0亿kW·h，较历史模拟情景提高了2.75%，增发电量主要来自龙羊峡水库。

2)评估了2000—2010年龙羊峡水库历史运行的情况，研究表明黄河流域上游水资源—能源—粮食综合效益的发挥取决于多年调节水库龙羊峡的科学优化调度。现行调度偏好于供水目标，符合黄河流域电调服从水调的基本原则。从系统长期运行角度来看，龙羊峡水库应尽可能维持在高水位运行，这对于提高水库发电效率、增加系统发电量、保证受水区供水、避免未来灾难性缺水情况发生均具有重要意义。

3)讨论了龙羊峡水库不同初始和终止坝前水位条件下，黄河流域上游水资源—能源—粮食综合效益的权衡关系。随着龙羊峡水库初始和终止坝前水位提高，帕累托非劣解集呈递进规律变化。在2000—2010年来水条件下，当龙羊峡水库初始和终止坝前水位为2540～2590m时，梯级水库系统发电量最大值为4476亿～4507亿kW·h，且与龙羊峡水库初始和终止坝前水位呈显著的线性正相关性($y=0.6112x+2926.6$，$R^2=0.9587$)；宁夏灌区、内蒙古灌区、头道拐断面缺水指数最小值分别为 0.10～0.80、0.17～1.31、0.01～0.03，且与龙羊峡水库初始和终止坝前水位呈负相关性。

4)讨论了黄河上游干流唐乃亥站不同来水量级条件下，黄河流域上游水资源—能源—粮食综合效益的权衡关系。1990 年以来，以连续 10 年作为窗口期，唐乃亥站总来水量为 1550 亿～1750 亿 m^3，梯级水库系统发电量最大值为 4043 亿～4517 亿 kW·h，且与唐乃亥站总来水量呈显著的线性正相关性（$y=2.4749x+187.64$，$R^2=0.9782$）；宁夏灌区、内蒙古灌区、头道拐断面缺水指数最小值分别为 0.17～7.72、0.23～11.00、0.01～1.07，且与唐乃亥站总来水量呈负相关性。

本章以黄河流域上游为例，提出了通过构建多目标优化模型进行水资源—能源—粮食纽带关系综合分析的思路和方法，可为其他流域开展相关研究提供参考。

需要说明的是，本章在计算灌区产粮效益时，因缺乏灌区粮食种植结构和作物产量等数据资料，同时考虑到模型计算可行性，采用了缺水指数的方法进行替代。虽然供需水缺口与粮食减产密切相关，但在反映灌溉用水效益上不够直观。未来可将粮食水分生产函数考虑在纽带模型中，并考虑粮食生产对不同时期灌溉用水亏缺程度的敏感性，将供需水缺口与粮食生产直接挂钩。此外，在黄河流域生态保护和高质量发展的背景下，未来还可以将生态流量、输沙减淤、防洪防凌等综合利用目标纳入模型目标函数中，获得高维空间非劣解集，为决策者提供充分参考。

参考文献

Alemu E T, Palmer R N, Polebitski A, et al. Decision support system for optimizing reservoir operations using ensemble streamflow predictions. Journal of Water Resources Planning and Management, 2010, 137(1): 72-82.

Anghileri D, Castelletti A, Pianosi F, et al. Optimizing watershed management by coordinated operation of storing facilities. Journal of Water Resources Planning and Management, 2012, 139(5): 492-500.

Anghileri D, Castelletti A, Burlando P. Alpine hydropower in the decline of the nuclear era: Trade-off between revenue and production in the Swiss Alps. Journal of Water Resources Planning and Management, 2018, 144(8): 04018037.

Anghileri D, Francesca P, Rodolfo S. A framework for the quantitative assessment of climate change impacts on water-related activities at the basin scale. Hydrology and Earth System Sciences, 2011, 15 (6): 2025-2038.

Bai T, Chang J, Chang F, et al. Synergistic gains from the multi-objective optimal operation of cascade reservoirs in the Upper Yellow River basin. Journal of Hydrology, 2015, 523: 758-767.

Barros M T L, Tsai F T, Yang S, et al. Optimization of large-scale hydropower system operations. Journal of Water Resources Planning and Management, 2003, 129(3): 178-188.

Barros M T L, Zambon R C, Barbosa P S F, et al. Planning and operation of large-scale water distribution systems with preemptive priorities. Journal of Water Resources Planning and Management, 2008, 134(3): 247-256.

Basheer M, Elagib N A. Sensitivity of Water-Energy Nexus to dam operation: A Water-Energy Productivity concept. Science of The Total Environment, 2018, 616: 918-926.

Bazilian M, Rogner H, Howells M, et al. Considering the energy, water and food nexus: Towards an integrated modelling approach. Energy Policy, 2011, 39(12): 7896-7906.

Beck M B, Walker R V. On water security, sustainability, and the water-food-energy-climate nexus. Frontiers of Environmental Science and Engineering, 2013, 7(5): 626-639.

Becker L, Yeh W W G. Optimization of real time operation of a multiple-reservoir system. Water Resources Research, 1974, 10(6): 1107-1112.

Beltaos S. Progress in the study and management of river ice jams. Cold Regions Science and Technology, 2008, 51(1): 2-19.

Brook A, Kendrick D A, Meeraus A. GAMS, a user's guide. ACM SIGNUM Newsletter, 1988, 23(3-4): 10-11.

Brown C M, Lund J R, Cai X, et al. The future of water resources systems analysis: Toward a scientific framework for sustainable water management. Water Resources Research, 2015, 51(8): 6110-6124.

Cai X, Wallington K, Shafiee-Jood M, et al. Understanding and managing the food-energy-water —Opportunities for water resources research. Advances in Water Resources, 2018, 111: 259-273.

Cai X, McKinney D C, Lasdon L S. Integrated hydrologic-agronomic-economic model for river basin management. Journal of Water Resources Planning and Management, 2003, 129(1): 4-17.

Castelletti A, Pianosi F, Restelli M. A multiobjective reinforcement learning approach to water resources systems operation: Pareto frontier approximation in a single run. Water Resources Research, 2013, 49(6): 3476-3486.

Catalão J P S, Mariano S J P S, Mendes V M F, et al. Parameterisation effect on the behaviour of a head-dependent hydro chain using a nonlinear model. Electric Power Systems Research, 2006, 76(6): 404-412.

Chang J, Meng X, Wang Z, et al. Optimized cascade reservoir operation considering ice flood control and power generation. Journal of Hydrology, 2014, 519: 1042-1051.

Chen J, Shi H, Sivakumar B, et al. Population, water, food, energy and dams. Renewable & Sustainable Energy Reviews, 2016, 56: 18-28.

Cheng C, Shen J, Wu X, et al. Operation challenges for fast-growing China's hydropower systems and respondence to energy saving and emission reduction. Renewable & Sustainable Energy Reviews, 2012, 16(5): 2386-2393.

Cheng C, Wang S, Chau K W, et al. Parallel discrete differential dynamic programming for multireservoir operation. Environmental Modelling & Software, 2014, 57: 152-164.

Cioffi F, Gallerano F. Multi-objective analysis of dam release flows in rivers downstream from hydropower reservoirs. Applied Mathematical Modelling, 2012, 36(7):

2868-2889.

Cohon J L, Marks D H. A review and evaluation of multiobjective programing techniques. Water Resources Research, 1975, 11(2): 208-220.

Conway D, Van Garderen E A, Deryng D, et al. Climate and southern Africa's water-energy-food nexus. Nature Climate Change, 2015, 5(9): 837.

Deb K, Pratap A, Agarwal S, et al. A fast and elitist multiobjective genetic algorithm: NSGA-Ⅱ. IEEE Transactions on Evolutionary Computation, 2002, 6(2): 182-197.

Dhaubanjar S, Davidsen C, Bauer-Gottwein P. Multi-objective optimization for analysis of changing trade-offs in the Nepalese water-energy-food nexus with hydropower development. Water, 2017, 9(3): 162.

Ding W, Zhang C, Cai X, et al. Multiobjective hedging rules for flood water conservation. Water Resources Research, 2017, 53(3): 1963-1981.

Feng M, Liu P, Li Z, et al. Modeling the nexus across water supply, power generation and environment systems using the system dynamics approach: Hehuang Region, China. Journal of Hydrology, 2016, 543: 344-359.

Feng Z, Niu W, Cheng C, et al. Hydropower system operation optimization by discrete differential dynamic programming based on orthogonal experiment design. Energy, 2017, 126: 720-732.

Fu G, Kapelan Z, Kasprzyk J R, et al. Optimal design of water distribution systems using many-objective visual analytics. Journal of Water Resources Planning and Management, 2013, 139(6): 624-633.

Giuliani M, Anghileri D, Castelletti A, et al. Large storage operations under climate change: Expanding uncertainties and evolving trade-offs. Environmental Research Letters, 2016, 11(3): 035009.

Grygier J C, Stedinger J R. Algorithms for optimizing hydropower system operation. Water Resources Research, 1985, 21(1): 1-10.

GWP Technical Advisory Committee. Integrated water resources management. Stockholm: Global Water Partnership, 2000.

Guo S, Chen J, Li Y, et al. Joint Operation of the multi-reservoir system of the Three Gorges and the Qingjiang cascade reservoirs. Energies, 2011, 4(7): 1036-1050.

Hadka D, Herman J, Reed P, et al. An open source framework for many-objective robust decision making. Environmental Modelling & Software, 2015, 74: 114-129.

Haimes Y Y, Hall W A. Multiobjectives in water resource systems analysis: The surrogate worth trade off method.Water Resources Research,1974,10(10):615-624.

Hashimoto T, Stedinger J R, Loucks D P. Reliability, resiliency, and vulnerability criteria for water resource system performance evaluation.Water Resources Research,1982,18(1):14-20.

Heidari M,Chow V T,Kokotovic P V,et al.Discrete differential dynamic programing approach to water resources systems optimization.Water Resources Research,1971,7 (2):273-282.

Hoff H. Understanding the nexus: Background paper for the Bonn 2011 Nexus Conference:The water,energy and food security nexus.Stockholm:Stockholm Environment Institute,2011.

Howells M,Hermann S,Welsch M,et al.Integrated analysis of climate change,land-use,energy and water strategies.Nature Climate Change,2013,3(7):621.

Hsu N S,Cheng K W.Network flow optimization model for basin-scale water supply planning.Journal of Water Resources Planning and Management,1995,128(2):102-112.

Huang L, Li X, Fang H, et al. Balancing social, economic and ecological benefits of reservoir operation during the flood season: A case study of the Three Gorges Project, China.Journal of Hydrology,2019,572:422-434.

Hurford A P,Harou J J.Balancing ecosystem services with energy and food security—Assessing trade-offs from reservoir operation and irrigation investments in Kenya's Tana Basin.Hydrology and Earth System Sciences,2014,18(8):3259-3277.

Hydrologic Engineering Center.Reservoir yield,generalized computer program 23-J2-L245. U.S.Army Corps of Engineers,Davis,Calif.1966.

ILOG Inc.ILOG CPLEX 6.5user's manual.ILOG I'c.,1999.http://www.ilog.com.

IPCC. Climate change 2013: The physical science basis. Cambridge: Cambridge University Press,2013.

Jalilov S M,Keskinen M,Varis O,et al.Managing the water-energy-food nexus:Gains and losses from new water development in Amu Darya River Basin.Journal of Hydrology,2016,539:648-661.

Kasprzyk J R,Reed P M,Kirsch B R,et al.Managing population and drought risks using many-objective water portfolio planning under uncertainty. Water Resources Research,2009,45(12):170-170.

Kendall M G.Rank correlation methods,4th edition.London:Charles Griffin,1975.

Kumar D N, Reddy M J. Multipurpose reservoir operation using particle swarm optimization.Journal of Water Resources Planning and Management,2007,133(3):192-201.

Kurian M. The water-energy-food nexus: Trade-offs, thresholds and transdisciplinary approaches to sustainable development.Environmental Science & Policy,2017,68:97-106.

Labadie J W. Optimal operation of multireservoir systems: State-of-the-art review. Journal of Water Resources Planning and Management, 2004, 130(2): 93-111.

Lacombe G, Douangsavanh S, Baker J, et al. Are hydropower and irrigation development complements or substitutes? The example of the Nam Ngum River in the Mekong Basin. Water International,2014,39(5):649-670.

Lamontagne J. Representation of uncertainty and corridor DP for hydropower optimization. Ithaca:Cornell University,2015.

Larson R E.State increment dynamic programming.New York:Elsevier Science,1968.

Larson R E,Korsak A J.A dynamic programming successive approximations technique with convergence proofs.Automatica,1970,6(2):245-252.

Lasdon L S, Waren A D, Jain A, et al. Design and testing of a generalized reduced gradient code for nonlinear programming. ACM Transactions on Mathematical Software (TOMS),1978,4(1):34-50.

Li F,Qiu J.Multi-objective reservoir optimization balancing energy generation and firm power.Energies,2015,8(7):6962-6976.

Li F,Wei J,Fu X,et al.An effective approach to long-term optimal operation of large-scale reservoir systems: Case study of the Three Gorges system. Water Resources Management,2012,26(14):4073-4090.

Li M, Fu Q, Singh V P, et al. An optimal modelling approach for managing agricultural water-energy-food nexus under uncertainty. Science of the Total Environment. 2019, 651: 1416-1434.

LINDO Systems Inc. LINGO User's Guide. LINDO Systems Inc., 2015. http://www.lindo.com/downloads/PDF/LINGO.pdf.

Little J D C. The Use of storage water in a hydroelectric system. Journal of the Operations Research Society of America,1955,3(2):187-197.

Li X,Li T,Wei J,et al.Hydro unit commitment via mixed integer linear programming: A case study of the Three Gorges Project,China. IEEE Transactions on Power Systems,

2014,29(3):1232-1241.

Li X,Wei J,Li T,et al.A parallel dynamic programming algorithm for multi-reservoir system optimization.Advances in Water Resources,2013,67(4):1-15.

Liu P,Guo S,Xu X,et al.Derivation of aggregation-based joint operating rule curves for cascade hydropower reservoirs.Water Resources Management,2011,25(13):3177-3200.

Liu J,Sun S,Wu P,et al.Evaluation of crop production,trade,and consumption from the perspective of water resources:A case study of the Hetao irrigation district,China,for 1960-2010.Science of the Total Environment,2015,505:1174-1181.

Loucks D P, Van Beek E. Water resource systems planning and management: An introduction to methods,models,and applications.Paris:Springer,2017.

Lund J R, Guzman J. Derived operating rules for reservoirs in series or in parallel. Journal of Water Resources Planning and Management,1999,125(3):143-153.

Maass,A M, Hufschmidt R, Dorfman H, et al. Design of water-resource systems: New techniques for relating economic objectives, engineering analysis, and governmental planning. Cambridge: Harvard University Press,1962.

Magnuson J J,Robertson D M,Benson B J,et al.Historical trends in lake and river ice cover in the Northern Hemisphere.Science,2000,289(5485):1743-1746.

Maier H R, Kapelan Z, Kasprzyk J, et al. Evolutionary algorithms and other metaheuristics in water resources:Current status,research challenges and future directions. Environmental Modelling & Software,2014,62:271-299.

Mann H B. Nonparametric tests against trend. Econometrica: Journal of the Econometric Society,1945:245-259.

Marques G F, Tilmant A. The economic value of coordination in large-scale multireservoir systems: The Parana River case. Water Resources Research, 2013, 49(11): 7546-7557.

Massé P.Les reserves et la régulation de l'avenir dans la vie economique. Ⅱ. Avenir aléatoire.Hermann Et Cie Paris,1946.

Mendes L A, Barros M T L, Zambon R C, et al. Trade-off analysis among multiple water uses in a hydropower system: Case of São Francisco River Basin, Brazil. Journal of Water Resources Planning and Management,2015,141(10):04015014.

Murtagh B A,Saunders M A.MINOS 5.0 User's Guide.1983.

Nicklow J,Reed P,Savic D,et al.State of the art for genetic algorithms and beyond in water resources planning and management. Journal of Water Resources Planning and Management,2009,136(4):412-432.

Oliveira R, Loucks D P. Operating rules for multireservoir systems. Water Resources Research,1997,33(4):839-852.

Ongley E D. The Yellow River: Managing the unmanageable. Water International, 2000,25(2):227-231.

Oven-Thompson K, Alercon L, Marks D H. Agricultural vs. hydropower tradeoffs in the operation of the High Aswan Dam. Water Resources Research,1981,18(6):1605-1613.

Pan T C, Jehngjung K. GA-QP model to optimize sewer system design. Journal of Environmental Engineering,2009,135(1):17-24.

Peng C, Buras N. Dynamic operation of a surface water resources system. Water Resources Research,2000,36(9):2701-2709.

Pereira-Cardenal S J, Mo B, Gjelsvik A, et al. Joint optimization of regional water-power systems. Advances in Water Resources, 2016, 92: 200-207.

Perrone D, Hornberger G M. Water, food, and energy security: Scrambling for resources or solutions? Wiley Interdisciplinary Reviews: Water,2014,1(1):49-68.

Pettitt A. A non-parametric approach to the change-point problem. Applied Statistics, 1979:126-135.

Prowse T D, Beltaos S. Climatic control of river-ice hydrology: A review. Hydrological Processes,2002,16 (4):805-822.

Reed P M, Hadka D, Herman J D, et al. Evolutionary multiobjective optimization in water resources: The past, present, and future. Advances in Water Resources,2013,51(1): 438-456.

Ringler C, Bhaduri A, Lawford R. The nexus across water, energy, land and food (WELF): Potential for improved resource use efficiency? Current Opinion in Environmental Sustainability,2013,5(6):617-624.

Rosenberg D E, Madani K. Water resources systems analysis: A bright past and a challenging but promising future. Journal of Water Resources Planning and Management, 2014,140(4):407-409.

Sen P K. Estimates of the regression coefficient based on Kendall's tau. Journal of the American Statistical Association,1968,63(324):1379-1389.

Sharif M, Swamy V S V. Development of LINGO-based optimisation model for multi-reservoir systems operation. International Journal of Hydrology Science and Technology,

2014,4(2):126-138.

Si Y,Li X,Yin D,et al.Evaluating and optimizing the operation of the hydropower system in the Upper Yellow River:A general LINGO-based integrated framework.Plos One,2018,13(1):e0191483.

Si Y,Li X,Yin D,et al.Revealing the water-energy-food nexus in the Upper Yellow River Basin through multi-objective optimization for reservoir system.Science of the Total Environment,2019,682:1-18.

Simonovic S P.Reservoir systems analysis:Closing gap between theory and practice. Journal of Water Resources Planning and Management,1992,118(3):262-280.

Snellen W B,Schrevel A.IWRM:for sustainable use of water; 50 years of international experience with the concept of integrated water resources management. The FAO/ Netherlands conference on water for food an ecosystems,The Hague,2004.

Suen J P,Eheart J W.Reservoir management to balance ecosystem and human needs: Incorporating the paradigm of the ecological flow regime.Water Resources Research,2006, 42(3):W03417.

Theil H.A rank-invariant method of linear and polynomial regression analysis.Henri Theil's Contributions to Economics and Econometrics,Springer,1992,23:345-381.

Tilmant A,Goor Q,Pinte D. Agricultural-to-hydropower water transfers: Sharing water and benefits in hydropower-irrigation systems. Hydrology and Earth System Sciences,2009,13(7):1091-1101.

Tu M Y,Hsu N S,Tsai T C,et al. Optimization of hedging rules for reservoir operations.Journal of Water Resources Planning and Management,2008,134(1):3-13.

Turgeon A. Optimal short-term hydro scheduling from the principle of progressive optimality.Water Resources Research,1981,17(3):481-486.

Uen T S,Chang F J,Zhou Y,et al.Exploring synergistic benefits of Water-Food-Energy Nexus through multi-objective reservoir optimization schemes.Science of the Total Environment,2018,633:341-351.

Wang Y,Wang W,Peng S,et al.The relationship between irrigation water demand and drought in the Yellow River basin.Proc.Int.Assoc.Hydrol.Sci,2016,374:129-136.

Werick W J,W Whipple Jr,J Lund.ACT-ACF Basinwide Study,U.S.Army Corps of Eng.Mobile Dist.Mobile,Ala.1996.

Wild T B,Loucks D P.Managing flow,sediment,and hydropower regimes in the Sre Pok,Se San,and Se Kong Rivers of the Mekong basin.Water Resources Research,2014,50 (6):5141-5157.

Wu Y, Chen J. Estimating irrigation water demand using an improved method and optimizing reservoir operation for water supply and hydropower generation: A case study of the Xinfengjiang reservoir in southern China. Agricultural Water Management, 2013, 116: 110-121.

Xu B, Zhu F, Zhong P, et al. Identifying long-term effects of using hydropower to complement wind power uncertainty through stochastic programming. Applied Energy, 2019, 253: 113535.

Xu X, Bin L, Pan C, et al. Optimal reoperation of multi-reservoirs for integrated watershed management with multiple benefits. Water, 2014, 6(4): 796-812.

Yang T, Gao X, Sellars S L, et al. Improving the multi-objective evolutionary optimization algorithm for hydropower reservoir operations in the California Oroville-Thermalito complex. Environmental Modelling & Software, 2014, 69: 262-279.

Yang Y C E, Cai X. Reservoir reoperation for fish ecosystem restoration using daily inflows—Case study of Lake Shelbyville. Journal of Water Resources Planning and Management, 2010, 137(6): 470-480.

Yang Y C E, Wi S. Informing regional water-energy-food nexus with system analysis and interactive visualization—A case study in the Great Ruaha River of Tanzania. Agricultural Water Management, 2018, 196: 75-86.

Yeh W W G. Reservoir management and operations models: A state-of-the-art review. Water Resources Research, 1985, 21(12): 1797-1818.

Yeh W W G, Becker L. Multiobjective analysis of multireservoir operations. Water Resources Research, 1982, 18(5): 1326-1336.

Young G K. Finding reservoir operating rules. Journal of the Hydraulics Division, 1967, 93(6): 297-322.

Zambon R C, Barros M T L, Lopes J E G, et al. Optimization of large-scale hydrothermal system operation. Journal of Water Resources Planning and Management, 2012, 138(2): 135-143.

Zhang X, Li H, Deng Z, et al. Impacts of climate change, policy and Water-Energy-Food nexus on hydropower development. Renewable Energy, 2018, 116: 827-834.

Zhang X, Vesselinov V V. Integrated modeling approach for optimal management of water, energy and food security nexus. Advances in Water Resources, 2017, 101: 1-10.

Zhao T, Zhao J, Yang D. Improved dynamic programming for hydropower reservoir operation. Journal of Water Resources Planning and Management, 2012, 140(3): 365-374.

Ziv G, Baran E, Nam S, et al. Trading-off fish biodiversity, food security, and hydropower in the Mekong River Basin.Proceedings of the National Academy of Sciences of the United States of America,2012:109(15):5609-5614.

Zeng R,Cai X,Ringler C,et al.Hydropower versus irrigation—An analysis of global patterns.Environmental Research Letters,2017,12(3):034006.

Zhou J,Zhang Y,Zhang R,et al.Integrated optimization of hydroelectric energy in the upper and middle Yangtze River. Renewable & Sustainable Energy Reviews,2015,45:481-512.

艾学山,冉本银.FS-DDDP方法及其在水库群优化调度中的应用.水电与抽水蓄能,2007,31(1):13-16.

安新代.黄河水资源管理调度现状与展望.中国水利,2007(13):16-19.

蔡琳.黄河防凌工作50年.人民黄河,1996,18(12):1-4.

蔡治国,王光谦,魏加华.黄河流域水量调度的自校正控制模型.清华大学学报(自然科学版),2004,44(12):1660-1663.

曹广晶,蔡治国.中国流域梯级水电调度现状与未来趋势分析//水力发电技术国际会议论文集.2009.

畅建霞,黄强,田峰巍.黄河上游梯级电站补偿效益研究.水力发电学报,2002(4):10-17.

陈立华,梅亚东,董雅洁,等.改进遗传算法及其在水库群优化调度中的应用.水利学报,2008,39(5):42-48.

丁斌,姚保顺,李勇,等.黄河水库调度运行信息平台研究与实现.人民黄河,2017,39(12):134-138.

董子敖.水库群调度与规划的优化理论和应用.济南:山东科学技术出版社,1989.

方洪斌,彭少明.龙刘水库非汛期联动补水机制研究.人民黄河,2017,39(11):19-23.

方兰,李军.粮食安全视角下黄河流域生态保护与高质量发展.中国环境管理,2019,11(5):5-10.

冯仲恺,牛文静,程春田,等.大规模水电系统优化调度降维方法研究Ⅱ:方法实例.水利学报,2017,48(3):270-278.

甘泓,汪林,曹寅白,等.海河流域水循环多维整体调控模式与阈值.科学通报,2013(12):1085-1100.

郭生练,陈炯宏,刘攀,等.水库群联合优化调度研究进展与展望.水科学进展,2010,21(4):496-503.

郝振纯,王加虎,李丽,等.气候变化对黄河源区水资源的影响.冰川冻土,2006,28(1):1-7.

胡智丹,郑航,王忠静.黄河干流水量分配的演变及多数据流模型分析.水力发电学报,2015,34(8):35-43.

黄草，王忠静，李书飞，等.长江上游水库群多目标优化调度模型及应用研究Ⅰ：模型原理及求解.水利学报，2014，45(9)：1009-1018.

国家能源局.水电发展“十三五”规划(2016—2010年).2016.http：//www.nea.gov.cn/2016-11/29/c_135867663.htm.

国网能源研究院.中国电力供需分析报告.北京：中国电力出版社，2017.

贾绍凤，陈贵锋，姜文来，等.对话贾绍凤研究员：寻求水、能源、粮食安全共赢解决方案——以内蒙古自治区鄂尔多斯市为例.中国水利，2017(11)：59-62.

金勇.长江上游大型水资源工程影响及水库群统一调度研究.北京：清华大学，2009.

阚艳彬，白涛，武连洲，等.考虑未来水资源配置的龙刘水库可调水量研究.自然资源学报，2016，31(9)：1577-1586.

李会安，黄强.黄河上游水库群防凌优化调度研究.水利学报，2001，32(7)：51-63.

李芳芳.大型梯级水电站调度运行的优化算法.北京：清华大学，2011.

李想.梯级水库调度—水电站机组组合双重优化研究.北京：清华大学，2014.

李原园，曹建廷，黄火键，等.国际上水资源综合管理进展.水科学进展，2018，29(1)：127-137.

练继建，马超，张卓.基于改进蚂蚁算法的梯级水电站短期优化调度.天津大学学报(自然科学与工程技术版)，2006，39(3)：264-268.

刘涵，黄强，佟春生.龙刘两库补水对黄河中下游的环境补偿影响分析.水土保持学报，2005，19(1)：145-148.

刘晓燕.黄河河流生命需水量浅析.自然资源学报，2004，19(4)：409-417.

刘晓岩，司源.黄河上游水库调节对宁蒙河段防凌的影响.人民黄河，2011，10：10-12.

刘悦忆.面向经济—生态的水库风险调度规则研究.北京：清华大学，2014.

彭少明，王煜，蒋桂芹.黄河流域主要灌区灌溉需水与干旱的关系研究.人民黄河，2017，39(11)：5-10.

彭少明，郑小康，王煜，等.黄河流域水资源—能源—粮食的协同优化.水科学进展，2017，28(5)：681-690.

彭勇，梁国华，周惠成.基于改进微粒群算法的梯级水库群优化调度.水力发电学报，2009，28(4)：49-55.

乔秋文.黄河上游梯级水电站调度与水量综合利用.电网与清洁能源，2007，23(3)：51-54.

覃晖，周建中，肖舸，等.梯级水电站多目标发电优化调度.水科学进展，2010，21(3)：377-384.

冉本银.黄河上游梯级水电调度现状与展望//水电站运行与水库调度技术交流论文集.2006.

青海省人民政府.青海清洁能源装机比例领跑全国.2018.http://www.qh.gov.cn/zwgk/system/2018/02/13/010295046.shtml.

申建建.大规模水电站群短期联合优化调度研究与应用.大连:大连理工大学,2011.

水利部黄河水利委员会.黄河流域综合规划:2012—2030年.郑州:黄河水利出版社,2013.

唐德善.黄河流域多目标优化配水模型.河海大学学报(自然科学版),1994(1):46-52.

田峰巍,解建仓.用大系统分析方法解决梯级水电站群调度问题的新途径.系统工程理论与实践,1998,18(5):112-117.

田雨.长江上游复杂水库群联合调度技术研究.天津:天津大学,2012.

王富强,王雷.近10年黄河宁蒙河段凌情特征分析.南水北调与水利科技,2014,12(4):21-24.

王义民,黄强,朱教新,等.龙羊峡水库长期低水位运行原因分析及抬高水位对策研究.水利水电技术,2003,34(5):53-56.

王煜,彭少明.黄河流域旱情监测与水资源调配原理与技术.北京:科学出版社,2017.

万毅.黄河梯级水库水电沙一体化调度研究.天津:天津大学,2008.

魏加华,王光谦,翁文斌,等.流域水量调度自适应模型研究.中国科学:技术科学,2004,34(s1):185-192.

吴昊,纪昌明,蒋志强,等.梯级水库群发电优化调度的大系统分解协调模型.水力发电学报,2015,34(11):40-50.

武见,赵麦换,方洪斌,等.黄河流域水量分配方案发展与展望.2017中国水资源高效利用与节水技术论坛论文集.2017.

夏军,彭少明,王超,等.气候变化对黄河水资源的影响及其适应性管理.人民黄河,2014,36(10):1-4.

肖素君,杨立彬,张新海.黄河流域农业节水与国家粮食安全//中国农业节水与国家粮食安全高级论坛.2009.

徐刚,马光文,梁武湖,等.蚁群算法在水库优化调度中的应用.水科学进展,2005,16(3):397-400.

许伟.龙羊峡、刘家峡河段梯级水库联合运用相关问题研究.北京:清华大学,2015.

姚惠明,秦福兴,沈国昌,等.黄河宁蒙河段凌情特性研究.水科学进展,2007,18(6):893-899.

于洋,韩宇,李栋楠,等.澜沧江—湄公河流域跨境水量—水能—生态互馈关系模拟.水利学报,2017,48(6):720-729.

张昂.黄河源区汛期径流模拟与预测.北京:清华大学,2016.

张双虎,黄强,黄文政,等.基于模拟遗传混合算法的梯级水库优化调度图制定.西安理工大学学报,2006,22(3):229-233.

赵芳芳，徐宗学.黄河源区未来气候变化的水文响应.资源科学，2009，31(5)：722-730.

赵建世，杨元月.黄淮海流域水资源配置模型研究.北京：科学出版社，2015.

郑慧涛，梅亚东，胡挺，等.改进差分进化算法在梯级水库优化调度中的应用.武汉大学学报(工学版)，2013，46(1)：57-61.

周建中，李英海，肖舸，等.基于混合粒子群算法的梯级水电站多目标优化调度.水利学报，2010，39(10)：1212-1219.

图书在版编目(CIP)数据

黄河上游梯级水库调度若干关键问题研究 / 司源等著.
—武汉：长江出版社，2019.10
(三江源科学研究丛书)
ISBN 978-7-5492-6736-1

Ⅰ.①黄… Ⅱ.①司… Ⅲ.①黄河－上游－梯级水库－水库调度－研究 Ⅳ.①TV697.1

中国版本图书馆 CIP 数据核字(2019)第 233906 号

黄河上游梯级水库调度若干关键问题研究　　司源 等著

责任编辑:郭利娜
装帧设计:刘斯佳
出版发行:长江出版社
地　　址:武汉市解放大道 1863 号　　邮　　编:430010
网　　址:http://www.cjpress.com.cn
电　　话:(027)82926557(总编室)
　　　　(027)82926806(市场营销部)
经　　销:各地新华书店
印　　刷:武汉精一佳印刷有限公司
规　　格:787mm×1092mm　1/16　8.25 印张 8 页彩页　220 千字
版　　次:2019 年 10 月第 1 版　2019 年 11 月第 1 次印刷
ISBN 978-7-5492-6736-1
定　　价:42.00 元